DEEP LEARNING
PRINCIPLES
AND PYTORCH IN ACTION

深度学习原理与 PyTorch 实战

张伟振 ◎ 编著
Zhang Weizhen

清华大学出版社
北京

内 容 简 介

本书按照从理论到实践，从实践到创造的顺序讲解深度学习领域的知识与技术，代码翔实，公式简单易懂。

本书第 1 章介绍深度学习的概念和目前的形势，第 2 章介绍 Python 编程语言基础，第 3 章使用 Python 语言计算极限、导数、级数等数学问题，第 4 章讲解深度学习的基本原理与 PyTorch 框架的基本使用，第 5 章和第 6 章详细讲述述经典网络结构 CNN 和 RCNN，第 7～9 章介绍自研深度学习框架，并详细讨论之前忽略的深度学习底层实现上的算法和细节，第 10 章介绍目前机器学习的前沿——无监督学习，第 11 章主要讲解深度学习模型以 Web 应用形式部署的技术。

本书适合有高等数学基础、希望了解深度学习领域知识和技术的初学者阅读，也可作为相关培训机构的参考用书。

本书封面贴有清华大学出版社防伪标签，无标签者不得销售。
版权所有，侵权必究。举报: 010-62782989, beiqinquan@tup.tsinghua.edu.cn。

图书在版编目(CIP)数据

深度学习原理与 PyTorch 实战/张伟振编著. —北京: 清华大学出版社,2021.4（2021.12 重印）
ISBN 978-7-302-57686-0

Ⅰ. ①深… Ⅱ. ①张… Ⅲ. ①机器学习 Ⅳ. ①TP181

中国版本图书馆 CIP 数据核字(2021)第 045428 号

责任编辑: 赵佳霓
封面设计: 刘　键
责任校对: 焦丽丽
责任印制: 刘海龙

出版发行: 清华大学出版社
　　　　　网　　址: http://www.tup.com.cn, http://www.wqbook.com
　　　　　地　　址: 北京清华大学学研大厦 A 座　　　　邮　编: 100084
　　　　　社 总 机: 010-62770175　　　　　　　　　　邮　购: 010-83470235
　　　　　投稿与读者服务: 010-62776969, c-service@tup.tsinghua.edu.cn
　　　　　质量反馈: 010-62772015, zhiliang@tup.tsinghua.edu.cn
　　　　　课件下载: http://www.tup.com.cn,010-83470236
印 装 者: 三河市龙大印装有限公司
经　　销: 全国新华书店
开　　本: 186mm×240mm　　　印　张: 17.5　　　字　数: 396 千字
版　　次: 2021 年 5 月第 1 版　　　　　　　　　　　印　次: 2021 年 12 月第 2 次印刷
印　　数: 1501～2500
定　　价: 69.00 元

产品编号: 090778-01

前言
PREFACE

深度学习及神经网络算法涵盖较广的计算机和数学领域,如果使用 PyTorch、TensorFlow 等深度框架,并记住它们的使用规则,可能能够应付大部分的情况并绕过许多细节,但知其然而不知其所以然,显然只是学习深度学习的第一步,通用的深度学习框架并不总是能满足所有的需求,如果要从使用到扩展乃至创造,就需要掌握远比简单使用更多的知识和细节。

得益于 PyTorch、TensorFlow 等深度学习框架都是开源的,有些时候通过发掘它们的源码来进阶相对简单,例如我想知道 PyTorch 是如何实现 Adam 的,可以将光标移到 torch.optim.Adam 类名上,使用快捷键 Ctrl+B 或 Ctrl+鼠标跳转到声明,便可以发现它调用了 torch.optim.functional.adam 函数,同样进入 torch.optim.functional.adam,在这里可以发现 Adam 的算法实现。但这种方法并不总是能得到想知道的答案(实际上,大部分时候都无法奏效)。

作为一个成熟的框架,PyTorch 1.7.0 的源码已经难以全部阅读(C++/Python 代码行数都在十万量级),且出于程序健壮性的考虑,其源码含有不少条件判断语句,对阅读也会造成一定的阻碍,因此对读者而言阅读本书中的代码和解读相比直接阅读深度学习框架的源码应该效率更高。在有自研深度框架的经验后,使用这些成熟框架显然会事半功倍,而且也能知道当它们无法满足要求时如何扩展。

深度学习理论由来已久,但限于计算机的运算速度近几年才被推上风口浪尖。深度学习中的大量运算往往以矩阵或张量为载体,它们的运算有高度的并行性,因此能够在具有许多计算核心的 GPU 上被加速,这也是深度学习兴起的现实基础。

如果你曾关注过显卡,那么可能也听说过"CUDA 核心"这个名词,NVIDIA 介绍一块新显卡时首先会说明它有多少个 CUDA 核心(或多少个流处理器)。CUDA 是 NVIDIA 公司推出的计算平台,目前主流的深度框架如 TensorFlow 和 PyTorch 都是以 CUDA 为核心,本书也会在介绍深度学习之余介绍它的基本用法,帮助读者全方位地了解深度学习这个领域。

书中包含大量细心编写的代码,带着读者一起思考。本书在重点及难点处配有视频讲解,扫描书中提供的二维码可观看对应章节的视频讲解。

本书绝大多数理论辅以代码实现,同时也建议读者先按照自己对理论的理解编写对应的程序,若有疑问再参考本书的代码。因为编程是不允许对知识模棱两可的,理解有偏差时编写的代码往往会输出显而易见的错误结果甚至直接报错无法运行。换言之，如果能将理论转换为代码，通常对那个概念就有一个初步的认识了。

因作者水平有限，书中难免存在疏漏，敬请读者批评指正。

张伟振

2020 年 12 月

本书源代码

目录
CONTENTS

第1章 人工智能的新篇章 · 1

  1.1 引言 · 1

  1.2 过去人工智能的困境 · 2

  1.3 神经网络 · 3

  1.4 我们都是炼丹师 · 4

    1.4.1 机器的力量 · 4

    1.4.2 遍地开花的深度学习 · 4

  1.5 深度监督学习三部曲 · 5

  1.6 深度学习框架 · 5

    1.6.1 常见的深度学习框架 · 5

    1.6.2 PyTorch 的优势 · 5

第2章 Python 基础（ 29min） · 7

  2.1 Python 简介 · 7

    2.1.1 Python 语言 · 7

    2.1.2 编译器和解释器 · 7

    2.1.3 Python 的哲学 · 7

    2.1.4 Python 的优缺点 · 8

  2.2 Python Hello World · 8

    2.2.1 安装 Python 解释器 · 8

    2.2.2 Hello World 程序 · 10

  2.3 Python 基本语法 · 12

    2.3.1 变量 · 13

    2.3.2 函数 · 13

    2.3.3 基本数据类型 · 14

    2.3.4 条件控制 · 15

    2.3.5 列表 · 15

2.3.6 错误和异常 ... 19
2.4 标准库 ... 20
2.4.1 math ... 21
2.4.2 文件读写和 os 库 ... 22
2.5 Python 面向对象 ... 31
2.5.1 花名册 ... 31
2.5.2 使用 class 关键字声明类 ... 33
2.5.3 限定函数参数的类型 ... 35
2.5.4 静态方法 ... 36
2.6 包和模块 ... 37
2.6.1 安装第三方库 ... 37
2.6.2 创建包和模块 ... 38
2.6.3 使用第三方库 ... 42
2.6.4 打包 Python 源代码 ... 43
2.7 开发环境 ... 45
2.7.1 Jupyter Notebook ... 45
2.7.2 安装 PyCharm ... 46

第 3 章 实用数学（▶ 11min） ... 48

3.1 线性代数 ... 48
3.1.1 向量 ... 48
3.1.2 矩阵 ... 50
3.1.3 使用矩阵的理由 ... 54
3.2 高等数学 ... 57
3.2.1 函数 ... 57
3.2.2 函数的极限 ... 57
3.2.3 导数 ... 59
3.2.4 导函数 ... 60
3.2.5 泰勒公式 ... 60
3.2.6 偏导数 ... 62
3.2.7 梯度 ... 63

第 4 章 深度学习原理和 PyTorch 基础（▶ 85min） ... 64

4.1 深度学习三部曲 ... 64
4.1.1 准备数据 ... 64
4.1.2 定义模型、损失函数和优化器 ... 64

4.1.3　训练模型 ·················· 65
　4.2　PyTorch 基础 ·················· 70
　　　4.2.1　安装 PyTorch ·················· 70
　　　4.2.2　导入 PyTorch 库 ·················· 71
　　　4.2.3　使用 PyTorch 进行矩阵运算 ·················· 71
　　　4.2.4　使用 PyTorch 定义神经网络模型 ·················· 74
　4.3　神经网络的调优 ·················· 85
　　　4.3.1　数据与模型的规模匹配 ·················· 85
　　　4.3.2　特征缩放 ·················· 87
　　　4.3.3　数据集 ·················· 88

第 5 章　卷积神经网络（38min）·················· 89

　5.1　卷积 ·················· 89
　　　5.1.1　矩阵的内积 ·················· 89
　　　5.1.2　卷积的代码实现 ·················· 90
　5.2　卷积神经网络介绍 ·················· 94
　　　5.2.1　卷积层 ·················· 94
　　　5.2.2　池化层 ·················· 95
　　　5.2.3　在 PyTorch 中构建卷积神经网络 ·················· 96
　　　5.2.4　迁移学习 ·················· 99
　　　5.2.5　梯度消失 ·················· 100
　5.3　目标检测 ·················· 104
　　　5.3.1　YOLO ·················· 104
　　　5.3.2　FasterRCNN ·················· 105
　　　5.3.3　在 PyTorch 中使用 FasterRCNN ·················· 106
　5.4　实用工具 ·················· 107
　　　5.4.1　图像处理 ·················· 107
　　　5.4.2　保存与加载模型 ·················· 111
　　　5.4.3　加载数据 ·················· 114
　　　5.4.4　GPU 加速 ·················· 114
　　　5.4.5　爬虫 ·················· 115
　　　5.4.6　GUI 编程 ·················· 117

第 6 章　序列模型（93min）·················· 126

　6.1　循环神经网络 ·················· 126
　　　6.1.1　原理 ·················· 126

6.1.2　RNN 代码实现 ········· 127
　　6.1.3　长短期记忆 ········· 129
　　6.1.4　在 PyTorch 中使用循环神经网络 ········· 131
6.2　自然语言处理 ········· 131
　　6.2.1　WordEmbedding ········· 131
　　6.2.2　Transformer ········· 135
　　6.2.3　在 PyTorch 中使用 Transformer ········· 138

第 7 章　算法基础 ········· 139

7.1　递归 ········· 139
7.2　动态规划 ········· 140
　　7.2.1　定义 ········· 140
　　7.2.2　子问题 ········· 141
7.3　栈和队列 ········· 142
　　7.3.1　使用递归进行目录遍历 ········· 143
　　7.3.2　调用栈 ········· 143
　　7.3.3　使用栈进行目录遍历 ········· 145
　　7.3.4　队列 ········· 146
　　7.3.5　使用队列进行目录遍历 ········· 147
7.4　树 ········· 148
7.5　图 ········· 149
　　7.5.1　有向无环图和计算图 ········· 149
　　7.5.2　邻接表实现图 ········· 150
　　7.5.3　实现计算图 ········· 152

第 8 章　C++ 基础 ········· 155

8.1　C++ Hello World ········· 155
　　8.1.1　C++ 的优缺点 ········· 155
　　8.1.2　安装 C++ 编译器和开发环境 ········· 155
　　8.1.3　Hello World 程序 ········· 156
8.2　C++ 语法基础 ········· 157
　　8.2.1　数据类型和变量 ········· 157
　　8.2.2　常量 ········· 158
　　8.2.3　条件判断 ········· 158
　　8.2.4　运算符 ········· 159
　　8.2.5　循环 ········· 160

- 8.3 函数 ·· 161
  - 8.3.1 定义函数 ·· 161
  - 8.3.2 标准库 ·· 162
  - 8.3.3 指针作函数参数 ·· 162
  - 8.3.4 默认参数 ·· 165
- 8.4 数组 ·· 165
  - 8.4.1 静态数组 ·· 165
  - 8.4.2 动态数组 ·· 166
- 8.5 类和对象 ·· 169
  - 8.5.1 类的声明 ·· 169
  - 8.5.2 封装 ·· 171
  - 8.5.3 示例：矩阵乘法 ·· 172
  - 8.5.4 运算符重载 ··· 175
  - 8.5.5 继承 ·· 176
  - 8.5.6 静态 ·· 180
- 8.6 指针和引用 ·· 181
  - 8.6.1 指针的本质 ··· 181
  - 8.6.2 动态内存分配 ·· 181
  - 8.6.3 智能指针 ·· 184
  - 8.6.4 引用 ·· 184
  - 8.6.5 移动语义和右值引用 ·· 187
- 8.7 C++进阶知识 ··· 189
  - 8.7.1 断言 ·· 189
  - 8.7.2 命名空间 ·· 190
  - 8.7.3 头文件 ··· 191
  - 8.7.4 C++的编译过程 ··· 192
  - 8.7.5 使用第三方库 ·· 195
  - 8.7.6 使用 MSVC 编译器 ·· 197

第 9 章 自研深度学习框架 ·· 199

- 9.1 数据结构 ·· 199
  - 9.1.1 张量 ·· 199
  - 9.1.2 运算 ·· 204
  - 9.1.3 张量求导 ·· 206
  - 9.1.4 优化 ·· 214
- 9.2 构建计算图 ·· 217

- 9.2.1 数据结构 …… 218
- 9.2.2 张量 …… 219
- 9.2.3 运算 …… 220
- 9.2.4 测试 …… 222
- 9.2.5 优化 …… 222
- 9.3 并行计算 …… 222
  - 9.3.1 GPU 的结构 …… 223
  - 9.3.2 CUDA 简介 …… 223
  - 9.3.3 安装 CUDA …… 223
  - 9.3.4 CUDA 基础知识 …… 225
  - 9.3.5 CUDA 编程 …… 226
  - 9.3.6 cuDNN …… 235

第 10 章 无监督学习 …… 243

- 10.1 生成对抗网络 …… 244
- 10.2 强化学习 …… 247
  - 10.2.1 Policy Base：尝试并增强最终结果正确的一系列行为 …… 247
  - 10.2.2 虚幻引擎入门 …… 252

第 11 章 案例：游戏 AI …… 259

- 11.1 构建模型 …… 259
- 11.2 准备训练数据 …… 261
- 11.3 Web 应用开发入门 …… 263
  - 11.3.1 计算机网络基础 …… 263
  - 11.3.2 Flask 基础 …… 264

第 1 章 人工智能的新篇章

从刀枪剑戟到火药枪炮,从结绳记事到笔墨纸砚,从拨动算盘到操纵计算机,生命的黎明和黄昏在经历了千万年间的沉浮后走到 21 世纪的今天,在前进的道路上有无数倒下的人,亦有无数指引方向的人。

人工智能是一门研究智能、试图制造智能的学科。

1.1 引言

我们从一个经典的线性回归问题讲起,搜集一些房屋的出售信息,将它们的面积和售价绘制在散点图上,如图 1-1 所示。

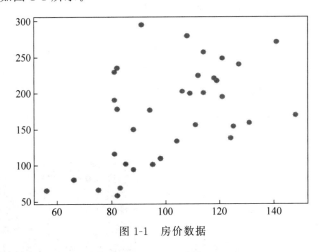

图 1-1 房价数据

可以看出,它们之间似乎有线性关系,因此可以写出这样一个公式来表示它。

$$y = Wx + b \tag{1-1}$$

其中 y 为房屋的售价;x 为房屋的面积;W、b 为参数。

通过最小二乘法或者单纯地拿出几个点代入式(1-1)求平均值,我们可以估计 W 和 b 的值,当客户想要卖房子的时候,只需告诉我们他房子的面积 x,代入这个线性式(1-1)便可算出大概售价。

但是，显然这个估计不是十分精确，因为房屋的售价不仅与面积有关，还与许多其他因素有关，例如房子所处的位置及装修情况，并且这些因素所占的权重各不相同，如图 1-2 所示。

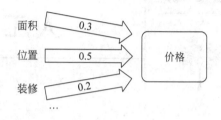

图 1-2　影响房价的因素

在传统的机器学习算法中，首先要进行的就是特征工程，也就是找出可能影响结果的那些变量。而神经网络呢？神经网络的神奇之处就在于，我们不需要自己去处理原始数据，只要定义一个神经网络模型，然后把数据传输给它，让它自己去学习哪些特征是有用的，哪些是没用的。

1.2　过去人工智能的困境

现在有这么一个对人类而言非常简单的任务——识别一张图片中的物体是什么，如果要你使用计算机编程实现，应该怎么做呢？

若你有编程的基础，便会发现这个看似简单的任务实现起来却异常困难，甚至可能束手无策。一张图片对计算机而言，只是一串数字罢了，准确地说，若是一张 1080P 的彩色图片，就是一个 1080 行 1920 列的像素矩阵，其中的每个像素的颜色都可由 3 个 0～255 的数字表示：红、绿、蓝，如图 1-3 所示。例如[255,0,0]是纯红色，[0,255,0]是纯绿色，[0,0,255]是纯蓝色，[255,255,255]是纯白色，[0,0,0]是纯黑色，如图 1-3 所示。

图 1-3　计算机眼里的图片

使用 OpenCV-Python 可以非常方便地读入并查看一张图片的像素值,代码如下：

```
import cv2

image = cv2.imread(<ImageName>)
print(image)
```

如何让计算机能通过这些数字计算出这张图片究竟是一个人、一辆车,还是一只猫呢？另外,如果是一只猫,则离我们远也是一只猫,离我们近也是一只猫,旋转了角度也是一只猫,不同花色、不同种类也是一只猫,程序如何能够应对这些变化呢？更进一步地讲,如果图片中不止一个物体,例如有一只猫、一只熊猫,那么程序能不能将它们都识别出来呢？

在过去我们需要手工设计特征,没有神经网络的时候,这些问题都很难解决,可能一个模型在实验室里工作得很好,但在生产环境却表现很糟糕。

1.3 神经网络

一言以蔽之,神经网络是一个函数(集),一个非常复杂的函数,能够完成一个非常复杂的转换,例如从一张图片到图片中物体的名称,如图 1-4 所示,或一段语音到对应的识别结果,或中文句子到翻译的英文句子。

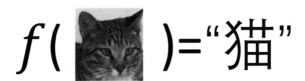

图 1-4　神经网络能完成一个非常复杂的变换

牛顿的万有引力定律 $F = G\dfrac{Mm}{r^2}$ 用于计算两个质点之间的万有引力,这个函数的意义是显而易见的,万有引力与两个质点的质量成正比,与它们距离的平方成反比,然而从一张图片到图片中物体的类别这个函数却复杂得多得多,直观想象一下,它应该是将图片中每个像素的值进行许多次相互加减乘除运算,得出某些像素的权重更高(例如属于猫的胡子的那些像素),某些权重更低(例如背景),最后输出一个数字,这个数字代表这个物体的类别,例如 0 表示猫,1 表示狗。

牛顿的万有引力定律的提出显然不是苹果砸到脑袋这么简单的事情,而是通过天文资料归纳猜测和计算得到,那么图像识别这个复杂得难以想象的函数,人们真的能找到吗？

1.4 我们都是炼丹师

1.4.1 机器的力量

生产力是社会发展的最终决定力量,带来这一轮人工智能与深度学习狂潮的是 GPU 和硬件的发展,让早就提出的深度学习算法大发神威。

> 提示:深度学习有三要素:模型、算力、数据。

确实,从图像识别、语音识别、文字翻译到绘图、语音生成、写作,中间的函数非常复杂,人类难以想象它长什么样子,就更不用说将它找出来了,但是没有关系,我们定义一个能够模拟任何连续函数的函数原型,然后让这个函数原型处理大量数据,让它"变成"那个复杂的函数就行了。

这个在数学上证明能够模拟任何连续函数的函数,就是深度神经网络,不同样子、不同层数的神经网络有不同数量的参数,而对神经网络的训练,就是让它处理许许多多数据并给它答案,让它优化自身的参数,能做到得到陌生的数据便能给出正确的答案。

例如,如果你需要训练一个猫狗的分类器,那么就搜集一堆猫和狗的图片,给每张图片标注好是猫还是狗,然后定义一个神经网络,将这些数据输入神经网络,让它寻找图片与标注的对应关系。当模型训练完成之后,你再给它一张图片,它便可以通过之前在训练集上找到的规律来判断所给的这张图片究竟是猫还是狗。

也正因为我们将寻找函数的这个任务交给了神经网络,训练完成的神经网络模型便具有相当低的可解释性,与普通的程序不同,神经网络的运行过程就像一个黑盒,人们只能通过拆解并可视化其中的层等手段猜测神经网络中每层的作用,也正因为这种黑盒性,深度学习算法工程师常自嘲为炼丹师。

1.4.2 遍地开花的深度学习

目前深度学习已经被广泛应用在各行各业,以便提高人们的生活水平,说是"万物皆可深度学习"也不为过。热门的领域有以下几个。

1. 计算机视觉

计算机视觉包括人脸考勤、人脸支付、机器人导航、自动驾驶等,其中目标检测算法可用于各行各业,从森林虫害的监测到幼儿园儿童的保护。

2. 自然语言处理

自然语言处理包括语音识别、语音合成等。

3. 智能服务

智能服务包括政务审批智能化、智能医疗、机器作曲、机器人下围棋、打竞技游戏等。

1.5 深度监督学习三部曲

机器学习的三分天下：监督学习、无监督学习、半监督学习，区别在于机器在训练时能否知道正确答案。监督学习就像老师手把手教着识字，每个数据都有对应的标签，模型每次得到输入并给出自己的判断之后，需要将自己预测的结果与标准答案相对比，找到改进的方向。

深度监督学习也有三部曲：①准备数据；②定义模型、损失函数和优化器；③开始训练。

本书在介绍了一些必需的基础知识之后便会带你完成这三部曲。

1.6 深度学习框架

本书是一本从使用到理解，从理解到创造的完全的学习人工智能的书籍。

深度学习近些年飞速发展，但底层的算法思想却并没有发生变化，仍然是梯度下降算法，而所谓的深度学习框架，提供的最基础也是最重要的功能就是自动求梯度，但不同框架对使用者的友好程度是不同的，在学习深度学习的过程中，选择一个合适的框架来将想法快速转化为代码并进行训练和实践非常重要。

1.6.1 常见的深度学习框架

全世界最为流行的深度学习框架有 PyTorch、TensorFlow、PaddlePaddle、Caffe、Theano、MXNet 等。其中 PyTorch 是目前学术界最流行的深度学习框架，也是本书着重介绍的深度学习框架。

1.6.2 PyTorch 的优势

1. 基于动态图

PyTorch 能后来者居上并胜过 TensorFlow，一大关键就是其对动态图的支持，而 TensorFlow 1.x 默认支持静态图。使用 PyTorch 时，你可以实时查看数据在神经网络的各个层之间的变化，并可使用 Python 标准的循环结构和迭代器，但使用 TensorFlow 时却并非如此，因为使用 TensorFlow 时与其说是在写 Python 程序源代码，不如说是在写 TensorFlow 的配置文件。

2. GPU 加速

因为拥有更多的计算单元，GPU 相比 CPU 更适合深度学习，有人用"几十个小学生"和"一个数学教授"来形象比喻 GPU 和 CPU 是有一定道理的。

3．分布式

谷歌的 Bert(Base)需要 32 块 TPU 训练 4 天时间。

4．强大的生态系统

PyTorch 不仅提供了自动微分工具和一些主流网络的官方实现，还提供了 TorchVision、TorchText、TorchAudio 等工具库方便使用者进行计算机视觉处理、自然语言处理、声频任务处理。

第 2 章 Python 基础

为了让读者能够及时理论联系实践,本章介绍 Python 编程,这样之后介绍深度学习理论的时候便可以随时兑现为可运行的代码,以便发现错误并改正。因此在阅读本书时身边常备一台计算机是最合适的。如果你已经能够熟练地使用 Python 编程,那么可以轻松地跳过本章。

2.1 Python 简介

2.1.1 Python 语言

Python 是目前最流行的编程语言之一,所谓编程语言是与自然语言相对的,自然语言是人与人交流的工具,而编程语言是人与计算机交流的工具。

1989 年的圣诞节期间,吉多·范罗苏姆为了在阿姆斯特丹打发时间,创造了这一脚本语言,他的目标是更高、更快、更强地开发应用程序。如你所用的 QQ、微信乃至网站,都是一个应用程序。

3min

2.1.2 编译器和解释器

计算机不能直接理解任何除机器语言以外的语言,所以必须把程序员所写的程序语言翻译成机器语言,这样计算机才能执行程序。将一种语言(通常是高级语言,如 Python、C++)翻译为另一种语言(通常是低级语言,如机器语言)的程序,被称为编译器。

就好比,计算机是一个英国人,我们说中文他听不懂,必须有一个翻译,把中文翻译成英文,他才能听懂,然后去做事情。编译器就是那个翻译。

编译器是从代码到代码进行编译,不负责执行代码,而解释器则读一行代码执行一行。两者的区别类似文档翻译和同声翻译。

2.1.3 Python 的哲学

不要使用花哨的语法,不要使用让人困惑的语法。

2.1.4 Python 的优缺点

1. 优点

语法简洁友好，开发速度快，可方便地调用 C/C++ 模块、第三方库非常丰富。

2. 缺点

运行速度慢，但可以使用 C/C++ 重写性能关键的部分，NumPy 和 PyTorch 等知名第三方库都是如此做的。

2.2 Python Hello World

通常学习一门编程语言，第一步是学习如何打印字符串"Hello World"。

2.2.1 安装 Python 解释器

7min

6min

4min

Python 解释器即解释运行 Python 源代码的软件。安装步骤如下：

（1）前往 Python 官网，打开浏览器，在浏览器顶部定制栏输入 Python 官网的网址 https://www.python.org/，如图 2-1 所示。

图 2-1 Python 官网页面

注意：Python 官网打开速度较慢。

（2）单击 Downloads 选择对应版本并下载。

单击页面 Python 图标下的 Downloads 按钮进入下载页面，如图 2-2 所示。

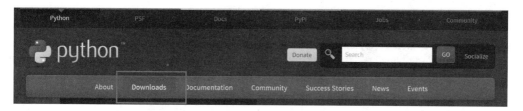

图 2-2 进入下载页面

在 Looking for a specific release? 中选择一个 Python 版本，单击 Download 链接，如图 2-3 所示。

Looking for a specific release?

Python releases by version number:

Release version	Release date		Click for more
Python 3.9.0	Oct. 5, 2020	Download	Release Notes
Python 3.8.6	Sept. 24, 2020	Download	Release Notes
Python 3.5.10	Sept. 5, 2020	Download	Release Notes
Python 3.7.9	Aug. 17, 2020	Download	Release Notes
Python 3.6.12	Aug. 17, 2020	Download	Release Notes
Python 3.8.5	July 20, 2020	Download	Release Notes
Python 3.8.4	July 13, 2020	Download	Release Notes

图 2-3 选择 Python 解释器版本

注意：Python 版本有 2.7.x 和 3.x，请选择 3.x 版本。

对于 64 位 Windows 系统，单击 Windows x86-64 executable installer 按钮，浏览器便会下载 Python 解释器，如图 2-4 所示。对于 32 位 Windows 系统，选择 Windows x86 executable installer；若是 Mac 系统，选择 macOS 64-bit installer。

Files

Version	Operating System	Description	MD5 Sum	File Size	GPG
Gzipped source tarball	Source release		bcd9f22cf531efc6f06ca6b9b2919bd4	23277790	SIG
XZ compressed source tarball	Source release		389d3ed26b4d97c741d9e5423da1f43b	17389636	SIG
macOS 64-bit installer	Mac OS X	for OS X 10.9 and later	4b544fc0ac8c3cffdb67dede23ddb79e	29305353	SIG
Windows help file	Windows		1094c8d9438ad1adc263ca57ceb3b927	8186795	SIG
Windows x86-64 embeddable zip file	Windows	for AMD64/EM64T/x64	60f77740b30030b22699dbd14883a4a3	7502379	SIG
Windows x86-64 executable installer	Windows	for AMD64/EM64T/x64	7083fed513c3c9a4ea655211df9ade27	26940592	SIG
Windows x86-64 web-based installer	Windows	for AMD64/EM64T/x64	da0b17ae84d6579f8df3eb24927fd825	1348904	SIG
Windows x86 embeddable zip file	Windows		97c6558d479dc53bf448580b66ad7c1e	6659999	SIG
Windows x86 executable installer	Windows		1e6d31c98c68c723541f0821b3c15d52	25875560	SIG
Windows x86 web-based installer	Windows		22f68f09e533c4940fc006e035f08aa2	1319904	SIG

图 2-4 选择安装包形式

注意：目前 32 位 Windows 不能使用 pip 安装 PyTorch，如果后面 PyTorch 安装错误可能就是因为选择了错误的 Python 解释器版本。

注意：几种安装包的形式：①Windows x86-64 executable installer：Windows 平台 64 位离线安装包；②Source：源代码；③web-based：下载的安装包安装时需联网安装；④x86：32 位安装程序；⑤help file：帮助文件。

（3）双击下载完成的安装包进行安装，在弹出的安装选项中勾选 Add Python 3.7 to PATH，单击 Customize installation，如图 2-5 所示，单击 Next 按钮，选择安装路径，安装路径不能有中文，单击 Install 按钮。

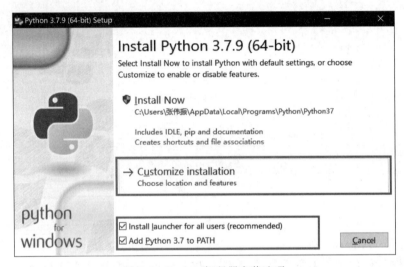

图 2-5　Python 解释器安装选项

注意：Add Python 3.7 to PATH 是将 Python 的解释器添加到环境变量中，环境变量 PATH 是系统查找程序的一系列路径，若未勾选添加环境变量，每次在命令行使用 Python 时都需要输入 Python 解释器的全路径，在我所使用的计算机上为 C:\Python\Python37\python.exe。

2.2.2　Hello World 程序

1. 什么是 Python 源代码

Python 源代码就是一个普通的文本文件，可使用 Python 解释器来打开并运行它。

2. Python 交互环境

Python 解释器可以以交互式和脚本式运行。使用 Python 解释器需要先进入命令行，有多种方式可以进入 Windows 的命令行。

(1) 使用快捷键 Win+X 调出快捷操作,再按字母 I 打开 Windows PowerShell。Win 键即有一个 Windows 图标的按键,Win+X 会显示一系列快捷操作,如图 2-6 所示,按对应的字母可打开,而按字母 I 就是进入 PowerShell 命令行。

(2) 单击开始按钮,搜索 PowerShell 打开。

(3) 按快捷键 Win+R 打开"运行"程序框,输入 cmd 并按回车键。

提示:注意前两种方式打开的是 Windows PowerShell,蓝底白字。最后一种是老式的 CMD,黑底白字,但在使用 Python 时并无区别。

进入命令行后输入 python 并按回车键,即可进入 Python 的交互环境,如图 2-7 所示。

在提示符>>>后输入 print("Hello World")即可在控制台上打印字符串 Hello World,如图 2-8 所示。

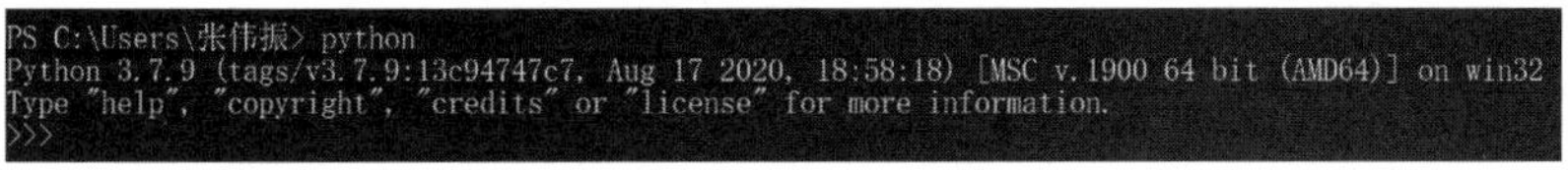

图 2-6　Win+X 快捷方式

图 2-7　Python 交互环境

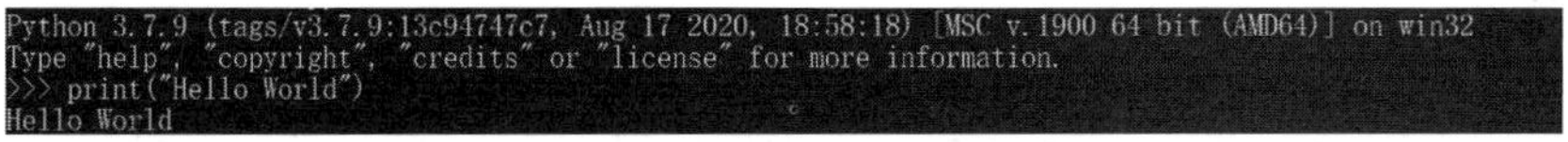

图 2-8　使用 Python 打印 Hello World

注意:这里括号()和引号""都要使用英文的半角符号,使用中文符号会引起错误。

3. 使用 Python 进行简单计算

1) 加减乘除

加:+(Shift 键+字母上方数字键的=或小键盘+)

减:-(减号)

乘:*(Shift 键+数字键 8)

除:/(正斜杠)

代码如下:

3min

4min

```
>>> 10 + 10
20
>>> 20 - 10
10
>>> 20 * 10
200
>>> 20/10
2.0
```

2）乘方

x^n：x ** n，代码如下：

```
>>> 10 ** 5
100000
```

3）整除//和取余%

如 10/3=3 余 1，则 10 整除 3(10//3)=3，10 对 3 取余(10%3)=1，代码如下：

```
>>> 10//3
3
>>> 10 % 3
1
```

4）绝对值

代码如下：

```
>>> abs(-10)
10
```

5）最大值和最小值

使用内置函数 max 和 min，max 和 min 中可以填入任意数量数字，代码如下：

```
>>> max(10,20,3)
20

>>> min(10,20,3)
3
```

2.3　Python 基本语法

相信你已经迫不及待地想使用 Python 做些什么了，但在此之前我们还需要介绍 Python 的语法。

2.3.1 变量

我们在解决问题的时候,为了计算方便,经常会声明一些变量,例如设小滑块的质量为 m,大滑块的质量为 M,滑动摩擦系数为 μ,重力加速度为 g,斜面倾角为 θ 等。没有它们,计算过程会变得更复杂,公式推导也无从谈起。

1. 变量的声明

在 Python 中声明变量并不需要写"令""设"等字,格式为"变量名=变量的初始值",代码如下:

```
>>> x = 10
```

2. 更改变量的值

使用赋值符号=以"变量名=表达式"的格式修改变量的值,代码如下:

```
>>> x = 10              # 更改 x 的值为 10
>>> x = x + 10          # 更改 x 的值为 x + 10
```

此处的"="并不是数学中的等于符号"=",在数学中 x 是不会等于 $x+10$ 的。这里的"="是赋值符号,即将 $x+10$ 的值赋给 x。

3. 输出变量的值

代码如下:

```
>>> print(x)
20
```

在编程语言中,变量是一块内存的代号,而内存中存储的则是程序运行中的数据,如 QQ 中的一条消息,正在播放的一段音乐,就如同代号 m 指向的内存空间存储着 1kg 这个值,M 指向的内存空间存储着 10kg 这个值。

2.3.2 函数

其实之前我们已经用过函数了,print()就是一个函数,是别人写好的一段代码,我们通过函数名加一对小括号的方式使用。

1. 声明一个函数

通过 def(define 缩写)关键字声明函数,格式如下:

```
def 函数名(参数 1,参数 2,……):
    函数内容
    return 返回值

# 如
```

```
def volume_of_cube(length,width,height):
    volume = length * width * height
    return volume
#可以简化为
def volume_of_cube(length,width,height):
    return length * width * height
```

注意：Python 使用缩进来表示代码块的范围，此函数 volume 和 return 前都有一个 Tab（或 4 个空格，但不可混用），表示这两句话在 volume_of_cube 函数的范围内。

2. 调用函数

通过"函数名（参数）"的方式调用一个函数，类似于 $f(x)$，代码如下：

```
>>> VolumeOfCube(10,10,20)
2000
```

提示：函数与小括号有着不解之缘。

3. 接下来做几个练习

双曲正弦 $\sinh=\dfrac{e^x-e^{-x}}{2}$，参考代码如下：

```
def sinh(x):
    return (math.exp(x) - math.exp(-x))/2
```

双曲余弦 $\cosh=\dfrac{e^x+e^{-x}}{2}$，参考代码如下：

```
def cosh(x):
    return (math.exp(x) + math.exp(-x))/2
```

双曲正切 $\tanh=\dfrac{e^x-e^{-x}}{e^x+e^{-x}}$，参考代码如下：

```
def tanh(x):
    return (math.exp(x) - math.exp(-x))/(math.exp(x) + math.exp(-x))
```

2.3.3 基本数据类型

计算机顾名思义就是可以进行数学计算的机器，因此，计算机程序理所当然地可以处理各种数值。但是，计算机能处理的数据远不止数值，还可以处理文本、图形、声频、视频、网页等各种各样的数据，不同的数据，需要定义不同的数据类型。在 Python 中，能够直接处理

的数据类型有以下几种:
(1) 整数,代码如下:

```
x = 10
```

(2) 浮点数,代码如下:

```
x = 1.5
```

(3) 字符串,使用一对英文双引号包裹文本来创建字符串,代码如下:

```
str = "Hello World"
print(str)
```

不使用双引号包裹的文本如 str 会被当成变量名,如 str=Hellow World 会报错 Name Error: name 'Hello World' is not defined,表示找不到使用的变量 Hellow World。

(4) 布尔值,往往用于条件控制,代码如下:

```
x = True
x = False
```

2.3.4 条件控制

生活中我们经常做这样或那样的选择,如果这样我应该怎么做,如果那样我应该怎么做。例如网吧不允许 18 岁以下的青年进入,换成程序语言表述如下:

```
if 年龄>=18:
    欢迎光临!
else: #表示年龄<18
    谢绝入内!
```

这与 Python 中的语法类似。求一个数的绝对值的直观思路如下:

```
def abs(x):
    if x < 0:
        return -x
    else:
        return x

print(abs(-10))
```

若要嵌套 if,可使用 else-if 的缩写 elif。

2.3.5 列表

我们之前使用的数字和字符串是基本数据结构,而列表是一种高级数据结构,它是存储一列值的数据结构,例如训练集中所有的图片构成一个列表。使用[]可以创建列表,使用.操作列表。

1. 创建列表
代码如下:

```
#创建一个数字列表
number_list = [1, 2, 3, 4, 5]
#创建一个字符串列表
string_list = ["ZhangSan", "LiSi", "WangWu", "ZhaoLiu"]
```

如果[]中是空的,那么创建了一个空的列表,如 empty_list = [],通过 len 函数可以随时得知列表的长度,代码如下:

```
number_list = [1, 2, 3, 4, 5]
print(len(number_list))
```

2. 向列表中添加元素
使用 append 或 insert,以.的方式操作列表,代码如下:

```
number_list = [1, 2, 3, 4, 5]

#向数据的末尾追加元素:数字6
number_list.append(6)

#向列表下标 i 的位置追加元素 e
number_list.insert(i,e)
```

约定列表的下标从 0 开始,依次为 0、1、2、…、$n-1$;即长度为 n 的列表的第一个元素下标为 0,最后一个元素下标为 $n-1$。

3. 获取列表中下标为 i 的元素
使用[]取列表中的元素,格式为"列表名[元素下标]",代码如下:

```
#获取数组中的第一个元素并赋值给 x
x = number_list[0]
```

4. 遍历列表
需要使用关键字 for,代码如下:

```
for e in number_list:
    print(e)
```

这与英文语法类似,例如 For every student in the classroom。

5. range()

如果要算 1+2+3+…+100,写一个从 1 到 100 的列表听起来就很麻烦,不过 Python 提供了一个 range()函数,用于生成整数数列,代码如下:

```
array = list(range(100))

print(array)
```

注意:range 函数实际上返回的是可迭代对象,打印时需要使用 list 函数将其转换为列表,但在使用 for 循环时不需要。

但实际上只生成了 0~99 共 100 个数字,因为 range(x)的效果是[0,x],所以需要生成 1+2+…100 我们需要改写成 range(101)。

当 range 函数传入两个参数时,前一个会被当作 start(闭区间),后一个会被当作 stop (开区间);当传入三个参数时,第一个被当作开始(闭区间),第二个被当作结束(开区间),第三个被当作步长。

因此算 1+2+3+…100 的代码如下:

```
sum = 0
for i in range(1, 101):
    sum = sum + i
print(sum)
```

获得成就:算从 1 加到 100 的速度远胜于高斯。

range 函数有两个常用的使用方式:①重复操作 n 次;②当作获取列表元素的下标。

重复操作 10 次 Hello 代码如下:

```
for i in range(10):
    print("Hello!")
```

当作列表的元素下标代码如下:

```
string_list = ["ZhangSan", "LiSi", "WangWu", "ZhaoLiu"]

for i in range(4):
    print(string_list[i])
```

6. 列表的嵌套

Python 中的列表中的元素可以为任意对象,包括数字、字符串,以及子列表,代码如下:

```
miscellany = [1, "ZhangSan", True, [0, 1, 2]]
```

当然,我们为了发挥列表批量操作的作用,往往在列表中只存同种元素。

7. 列表模板代码

使用下面的数据做几个练习。

```
array = [55, 22, 82, 84, 37, 88, 88, 98, 40, 35, 43, 42, 66, 65, 49, 56, 56, 87, 82, 83, 20,
         81, 60, 67, 64, 79, 68, 77, 53, 99, 24, 25, 21, 72, 64, 23, 57, 43, 78, 52, 78, 61, 94,
         78, 91, 23, 35, 29, 82, 36, 44, 21, 69, 39, 85, 55, 81, 40, 34, 62]
```

(1) 找出列表中所有大于或等于60的数字并打印,参考代码如下:

```
for number in array:
    if number >= 60:
        print(number)
```

(2) 给列表的所有数字都加5,超过100的算作100,参考代码如下:

```
for i in range(len(array)):
    array[i] = array[i] + 5
    if array[i] > 100:
        array[i] = 100
```

其中 number = number + 5 可以简写为 number += 5。

注意:这里不可以使用 for number in array 的方式,因为这种方式获得的是元素的副本。

8. 列表切片

列表可以使用[]切片,语法为[开始:结束:步长],在[开始,结束)的区间每隔步长取一个值,例如取[2,5),代码如下:

```
li = list(range(20))
print(li[2:5])
```

输出如下:

```
[2, 3, 4]
```

[开始:结束:步长]中不写步长则默认步长为1,不写开始则从列表第一个元素开始,不写结束则代表直至末尾,代码如下:

```
li = list(range(20))
li_head = li[:5]
print(li_head)
```

通过列表切片可以反转数据,代码如下:

```
li = list(range(20))
print(li)
print(li[::-1])
```

输出如下:

```
[0, 1, 2, 3, 4, 5, 6, 7, 8, 9, 10, 11, 12, 13, 14, 15, 16, 17, 18, 19]
[19, 18, 17, 16, 15, 14, 13, 12, 11, 10, 9, 8, 7, 6, 5, 4, 3, 2, 1, 0]
```

9. 列表生成式

列表生成式可以用于简明地按规则生成列表,例如将字符串列表转换为数字列表,代码如下:

```
data = ["116","475489","40","1952","1111","2737","6244"]
data = [int(x) for x in data]
print(x)
```

5min

输出如下:

```
[116, 475489, 40, 1952, 1111, 2737, 6244]
```

2.3.6 错误和异常

错误和异常用于在程序不按预期执行时中断程序并给出提示消息。例如有一个向量相加的函数,代码如下:

```
def vector_add(vector1,vector2):
    result = []
    for i in range(len(vector1)):
        result.append(vector1[i] + vector2[i])
    return result
```

在数学中两个维度相同的向量才能相加,如果别人错误地传入了两个维度不同的向量,例如 vector1 比 vector2 更长,则该函数会返回一个错误的答案,别人可能会拿着这个错误的答案又继续算下去,引发一连串的错误,这显然是不合理的,应该使用 raise 关键词抛出一个 Exception 对象,告诉调用者修改自己的代码,代码如下:

```
#Chapter02/02 - 3/1.exception.py

def vector_add(vector1,vector2):
    if(len(vector1)!= len(vector2)):
        raise Exception("vector1 的长度必须与 vector2 相同")
    result = []
    for i in range(len(vector1)):
        result.append(vector1[i] + vector2[i])
    return result
```

也可以用关键词 assert 写成断言的形式,代码如下:

```
assert len(vector1) == len(vector2), "vector1 的长度必须与 vector2 相同"
```

测试代码：

```
vector_add([1,2,3],[2,3])
```

抛出异常时，会输出错误发生的位置和错误信息，如下：

```
Exception                                 Traceback (most recent call last)
< ipython - input - 6 - 32c215d5c1ea > in < module >
----> 1 vector_add([1,2,3],[2,3])

< ipython - input - 5 - e0a684541f7b > in vector_add(vector1, vector2)
      1 def vector_add(vector1,vector2):
      2     if(len(vector1)!= len(vector2)):
----> 3         raise Exception("vector1 的长度必须与 vector2 相同")
      4     result = []
      5     for i in range(len(vector1)):

Exception: vector1 的长度必须与 vector2 相同
```

调用者在看到之后，需要查看自己的代码是否出现了错误。但有时候错误并不是由程序引起的（例如数据来自网页爬取的内容格式不规整；网络连接中断；硬件故障等），但是调用者不想让这个问题中断程序，则可以选择 try-except Exception as e 语句捕获异常，代码如下：

```
vector1 = [1, 2, 3]
vector2 = [2, 3]
try:
    vector_add(vector1,vector2)
except Exception as e:
    print("有一条数据发生错误,已跳过")
```

这里即便发生了异常，也会被忽略，只会在日志里输出一句：有一条数据发生错误,已跳过。但是，不能为了使程序不报错而滥用 try 以至于隐藏了 Bug，应该让程序中止的时候不要忽略它。

2.4 标准库

所谓的库，就是别人写好的代码合集，库可以完成一些特定功能，从算 e^x 的值到新建一个网站都会用到库。

库分为标准库和第三方库，标准库是安装 Python 解释器后就可以使用的库，如 math、os，而第三方库则需要安装，如 NumPy、PyTorch。

2.4.1 math

1. 导入 math 库

使用库首先需要使用 import 导入库，代码如下：

```
import math
```

导入库后，如果没有任何提示，则代表导入成功。

2. math 库常用函数

1）自然对数、自然指数

代码如下：

```
>>> math.log(10)          # ln(10)
2.302585092994046
>>> math.exp(3)           # e³
20.085536923187668
```

math.log 函数可以传入两个参数，第一个参数作为真数，第二个参数作为底数，如 math.log(10,10)=1。

2）圆周率

使用 math.pi 可得到圆周率 π 的近似值，代码如下：

```
>>> math.pi
3.141592653589793
```

3）三角函数

正弦：math.sin(x)

余弦：math.cos(x)

正切：math.tan(x)

双曲正弦：math.sinh(x)

双曲余弦：math.cosh(x)

双曲正切：math.tanh(x)

这几个函数在深度学习领域较常用的是双曲正切(tanh)，代码如下：

```
>>> math.tanh(math.pi/4)
0.6557942026326724
```

math 库三角函数的参数是弧度(rad)，可使用函数 math.radians()将角度转换为弧度。

4）开方

计算 $\sqrt{x}$ 一种方式是写成 $x^{\frac{1}{2}}$，另一种方式是使用 math.sqrt()，代码如下：

```
>>> math.sqrt(4)
2.0
```

2.4.2 文件读写和os库

os(operating system,操作系统)库常用于配合文件读写。

1. 文件读取

使用open(文件路径)可以打开一个文件,代码如下:

```
file = open(R"D:\Temp\test.txt")
```

这样打开的文件对象是只读的且默认为文本模式,可以对其遍历以便获取文本中的每一行,代码如下:

```
for line in file:
    print(line)
```

也可以通过read()读取所有内容,readlines 按行读取所有内容并保存到列表中,readline 读取一行。读取所有内容代码如下:

```
content = f.read()
```

注意,如果文件非常大,则应该使用 for line in file 而不是 for line in file. readlines(),前者并不会将整个文件一次性加载到内存中。

在 Python 中,我们创建一个对象后就不用管了,Python 解释器会负责资源的自动释放,但磁盘中的文件是由操作系统管理的,使用完后必须显式调用 close 方法进行关闭,代码如下:

```
file.close()
```

如果忘记了,则别的程序访问这个文件可能出问题,如图 2-9 所示。

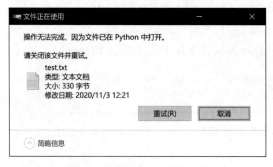

图 2-9 未使用 close 关闭文件

不过人犯错是难免的,现代编程语言都有自己的解决方法,Java 中的 try、Python 中的 with open(文件路径) as 变量名,都提供了一个作用域,如果出了这个作用域就自动关闭文件,代码如下:

```
with open(R"D:\Temp\test.txt") as f:
    content = f.read()
print("文件被自动关闭")
```

只要退出了 with 产生的缩进,文件就被自动关闭。

因为默认是以只读模式打开的,如果试图写入内容,则会引起错误,代码如下:

```
file.write("Hello!")
```

输出如下:

```
UnsupportedOperation: not writabled
```

2. 文件写入

要进行文件写入,必须在调用 open 函数时传入参数访问模式,常用的访问模式有 w(write,覆盖写入)、a(append,追加)、r(read,可读)、w+(可读可写)、b(二进制模式,用于非文本文件的读取),使用 write(字符串)函数写入文本,代码如下:

```
with open(R"D:\Temp\test_write.txt", "w") as f:
    f.write("窗前明月光,疑是地上霜。")
```

执行完成后 D:\Temp\ 会出现一个名为 test_write.txt 的文本文档,其中有内容"窗前明月光,疑是地上霜"。

因为使用 w 模式会覆盖文本之前的所有内容,要补全这首诗就需要使用追加模式,代码如下:

```
with open(R"D:\Temp\test_write.txt", "a") as f:
    f.write("举头望明月,低头思故乡。")
```

文件内容如下:

```
窗前明月光,疑是地上霜.举头望明月,低头思故乡。
```

不同类别的访问模式可以拼接,写二进制文件的模式为 wb,读写二进制文件的模式为 wb+。

3. 指定编码

有两种常用的编码 UTF-8 和 GBK,前者是行业标准,后者是 Windows 默认编码。

在深度学习中也经常会有编码,因为神经网络计算的是数字而不是字符串,例如"一只猫",想传入神经网络进行计算,则需要对汉字进行编码,一种想当然的方式是将所有的常用汉字排序,用它们的序号当作编码,例如"一"是第 1500 号,"只"是第 2000 号,"猫"是第 750 号,则这句话可以用数字表示为[1500,2000,750]。可以预见,如果编号的标准不同,如程序员 A 按汉字拼音排序,程序员 B 按汉字常用度排序,两人同一句话会编码成不同的数字序列,同样的数字序列会表示不同的句子,而这就会造成乱码。计算机只能存储数字,所以也有出现乱码的问题。

在 open 函数中可使用关键字参数指定编码,代码如下:

```python
with open(R"D:\Temp\test.txt", encoding = "UTF-8") as f:
    content = f.read()
```

4. 创建文件夹

复杂些的操作就需要 os。使用 os.mkdir(路径+文件夹名)函数可以在指定路径创建文件夹,例如创建并保存训练数据的文件夹 data 的代码如下:

```python
import os

os.mkdir("data")
```

这将会在当前路径创建一个名为 data 的文件夹,可以使用.表示当前路径,使用..表示上一级目录,如在当前路径的上一级文件夹中创建一个名为 test 的文件夹,代码如下:

```python
os.mkdir("../data")
```

os.rmdir 可以删除文件夹,但只能删除空的文件夹。

5. 递归地遍历目录

os.listdir 可以列出指定路径的文件和文件夹,但经常需要递归地遍历一个路径下所有文件夹和文件,这就需要使用 os.walk(),其返回指定目录下递归到的文件夹名、该文件夹下所有文件名列表、文件夹名列表,例如读取指定目录下所有文本文件的代码如下:

```python
for root, dirs, files in os.walk('.'):
    for file in files:
        print(file)
```

输出如下:

```
black.png
main.py
.gitignore
misc.xml
modules.xml
other.xml
pythonProject.iml
workspace.xml
profiles_settings.xml
```

```
__init__.py
__init__.cpython-37.pyc
1.walk.py
...
```

我们发现 os.walk 中的 dirs 和 files 即文件名列表、文件夹名列表都不带路径,但往往遍历文件夹以便以后读取,所以需要得到全路径,这就要使用 os.path.join("路径","文件/文件夹名")函数拼接当前递归到的文件夹名 root 和文件/文件夹名得到文件/文件夹的全路径,代码如下:

```
for root, dirs, files in os.walk('../..'):
    for file in files:
        print(os.path.join(root,file))
```

输出如下:

```
\data\MNIST\raw\t10k-labels-idx1-uByte
...
```

即 os.path.join 相当于在路径和文件/文件夹前拼接了一个分隔符"/"或"\"(依据所在平台要求的路径分隔符),代码如下:

```
def join(path, file):
    return path + "/" + file
```

注意:拼接的字符串若以"/"开头将会被视为 Linux 下的绝对路径,其前面的内容将无效,例如 os.path.join("C:", R"\test")的结果为\test 而不是 C:\test。

筛选文件可以使用字符串方法,如判断文件扩展名可以使用 endswith(str),它判断字符串结尾是否与参数 str 一致,测试代码如下:

```
file = "test.png"
print(file.endswith(".txt"))
print(file.endswith(".png"))
```

输出如下:

```
False
True
```

因此查找并读取指定目录下所有以.txt 结尾的文件的代码如下:

```
#Chapter02/02-4/1.walk.py
```

```python
text_files = []
for root, dirs, files in os.walk('E:/Workspace'):
    for file in files:
        if file.endswith(".py"):
            with open(os.path.join(root, file), encoding = "UTF-8") as f:
                text_files.append(f.read())

print(len(text_files))
```

查找是否含有字符串需要使用 find(str) 函数判断字符串中是否有与参数 str 相同的部分，若有则返回所在的位置，若没有则返回 -1，代码如下：

```python
print("Hello!".find("!"))
print("你好!".find("!"))
```

输出如下：

```
5
-1
```

可以看到英文感叹号（半角字符）和中文感叹号（全角字符）并不一样。

6. 执行 CMD 命令

有时候我们写了一段话在文档里，但是过几天忘记了在哪里，总不能一个个地把所有文档打开然后按 Ctrl+F 键进行查找，这时候可以使用 os.walk 读取指定目录下所有文档并查找是否含有关键词，搜索指定路径下所有含有字符串 TODO 的文件，代码如下：

```python
#Chapter02/02-4/1.walk.py

for root, dirs, files in os.walk('E:/Workspace'):
    for file in files:
        if file.endswith(".py"):
            with open(os.path.join(root, file), encoding = "UTF-8") as f:
                content = f.read()
                if content.find("TODO") > 0:
                    print(os.path.join(root, file))
```

以上代码仅仅找到含有指定字符串的文件的全路径，还需要到对应的文件夹下手动打开文件，但我们希望让程序代劳，使用记事本打开一个文本文件可以使用 CMD 命令 "notepad 文件全路径"，命令如下：

```
notepad c:/temp/test.py
```

使用 os.system(命令) 可以执行一条 CMD 命令，因此查找并打开含有指定字符串的函

数的代码如下:

```python
# Chapter02/02-4/1.walk.py

def search(path: str, file_extension: str, keyword: str):
    for root, dirs, files in os.walk(path):
        for file in files:
            if file.endswith(file_extension):
                with open(os.path.join(root, file), encoding="UTF-8") as f:
                    content = f.read()
                    if content.find(keyword) > 0:
                        os.system("notepad " + os.path.join(root, file))


search(".", ".py", "search")
```

这将使用记事本打开当前文件,因为当前文件含有字符串"search",如图 2-10 所示。

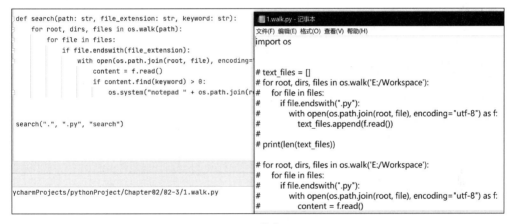

图 2-10　检索工具

我们讲解一下这个 CMD 命令 notepad c:/temp/test.py,它的含义为运行 notepad.exe 程序,并传递命令行参数 c:/temp/test.py。如果没有命令行参数,则可直接在 CMD 中键入 notepad.exe 并按回车,此时可运行 notepad.exe 程序,效果和双击记事本图标运行效果一样。

这个 notepad.exe 程序存放在 C:\Windows\system32 下,如图 2-11 所示。

是不是磁盘上所有的程序都可以直接在命令行键入名称之后运行呢? 并不是的,只有在系统环境变量 Path 中的路径下的可执行文件才可以键入名称运行,其他的可执行程序则需要键入路径名才可以,形如 C:\Windows\system32\nodepad.exe。

而 C:\Windows\system32 就在系统环境变量 Path 中,此文件夹下的所有程序均可在 CMD 中键入程序名运行而不需要加上路径。要查看所有可执行文件的搜索路径,可以右

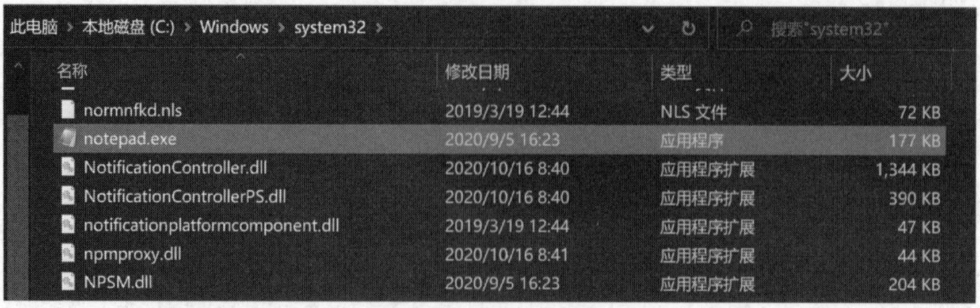

图 2-11　notepad.exe

击此计算机→属性→高级系统设置→环境变量→Path 查看。

当程序在命令行中运行时，可以接收以空格分割的命令行参数，格式为"程序名 参数 1 参数 2……"。不同语言的程序接收命令行参数的形式略有不同，对 Python 而言，Python 脚本是由解释器执行的，如果 Python 脚本需要命令行参数，则可以使用 sys.argv 索要，代码如下：

```python
# Chapter02/02-4/1.walk.py

import os
import sys


def search(path: str, file_extension: str, keyword: str):
    for root, dirs, files in os.walk(path):
        for file in files:
            if file.endswith(file_extension):
                with open(os.path.join(root, file), encoding="UTF-8") as f:
                    content = f.read()
                    if content.find(keyword) > 0:
                        os.system("code " + os.path.join(root, file))


if len(sys.argv) == 4:
    # path, file_extension, keyword
    search(sys.argv[1], sys.argv[2], sys.argv[3])
elif len(sys.argv) == 3:
    # current_path, file_extension, keyword
    search(".", sys.argv[1], sys.argv[2])
elif len(sys.argv) == 2:
    # current_path, any_file_extension, keyword
    search(".", "", sys.argv[1])
```

因为要支持任意多种可能的参数，代码会显得不好看，因此可以考虑使用 Python 标准库 argparse，该库可用于解析命令行参数。使用 argparse 库首先构建一个 ArgumentParser

参数解析器对象，代码如下：

```
import argparse

arg_parser = argparse.ArgumentParser()
```

使用 add_argument 向 ArgumentParser 对象添加一个参数，调用函数 arg_parser. parse_args 并返回一个包含参数的对象，便可以通过".参数名"的方式访问参数，代码如下：

```
arg_parser.add_argument("keyword", help = "关键词", type = str)
args = arg_parser.parse_args()
print(args.keyword)
```

使用该脚本的命令如下：

```
$ python 2.argparser.py TODO
```

args 是一个 Namespace 类型的对象，之所以可以通过"对象名.属性"的方式访问属性，并不是因为在 Namespace 类的定义中有这个属性，而是因为使用了一个 Python 的内置函数 setattr 向对象动态添加成员变量，代码如下：

```
namespace = Namespace()
setattr(namespace, "test_attribute", "test_value")
print(namespace.test_attribute)
```

keyword 这种不带符号-和--的参数，称为位置参数，与直接从 argv 中取一样，但是可以添加注释及指定类型省去强转，代码如下：

```
arg_parser.add_argument("path", help = "搜索路径", type = str)
```

可以通过--help 查看一个脚本的参数，命令如下：

```
$ python 2.argparser.py -- help
```

输出如下：

```
usage: 2.argparser.py [-h] path

positional arguments:
  path           搜索路径

optional arguments:
  -h, -- help    show this help message and exit
```

带-或--的参数为可选参数，可使用 default＝指定默认值，代码如下：

```
arg_parser.add_argument("-path", help="搜索路径", type=str, default=".")
```

当然，通常一个单词的参数使用--，简写使用-，正好 add_argument 也可以接收多个参数名，代码如下：

```
arg_parser.add_argument("-p", "--path", help="搜索路径", type=str, default=".")
arg_parser.add_argument("-fe", "--file_extension", help="文件后缀名", type=str, default="")
```

因此可将脚本修改为

```
# Chapter02/02-4/2.argparser.py

import os
import argparse


def search(path: str, file_extension: str, keyword: str):
    for root, dirs, files in os.walk(path):
        for file in files:
            if file.endswith(file_extension):
                with open(os.path.join(root, file), encoding="UTF-8") as f:
                    content = f.read()
                    if content.find(keyword) > 0:
                        os.system("notepad " + os.path.join(root, file))


if __name__ == '__main__':
    arg_parser = argparse.ArgumentParser()
    arg_parser.add_argument("keyword", help="关键词", type=str)
    arg_parser.add_argument("-p", "--path", help="搜索路径", type=str, default=".")
    arg_parser.add_argument("-fe", "--file_extension", help="文件后缀名", type=str, default="")
    args = arg_parser.parse_args()

    search(args.path, args.file_extension, args.path)
```

使用该脚本的命令如下：

```
python 2.argparser.py def -p . -fe .py
```

要使这个脚本在任何地方都可以使用，需将其放入环境变量 Path 的路径下，例如放置于 Python 安装路径下的 Lib/site-packages 文件夹中，如图 2-12 所示。

这样在磁盘的任何位置都可以使用"python -m my_utils 命令行参数"的方式运行这个脚本，命令如下：

图 2-12　将脚本放置在 C:\Python\Lib\site-packages 文件夹下

```
python 2.argparser.py def -p. -fe.py
```

　　-m(module)参数让 Python 检索 sys.path，查找名字为 my_utils 的模块或者包(含命名空间包)，并将其内容当成脚本来执行。如果不加此参数，那么 Python 解释器将只会在当前路径寻找 Python 脚本，运行其他路径的 Python 脚本则需要指定路径。

　　实际上，在命令行中执行脚本是将命令行参数传给了 Python 解释器，Python 解释器通过 sys.argv 传给了 Python 脚本。对于记事本这样的文本编辑器而言，其接收命令行参数往往会将其当成文本的路径，这也是检索工具执行 notepad c:/temp/test.py 使用记事本打开特定文件的原理。对 Chrome 这样的浏览器而言，其接收的命令行参数往往会被当成网址，不过 Chrome 并不会将自己的安装路径加入环境变量，所以不能直接通过程序名打开，而是要通过可执行文件路径打开，在笔者的计算机上使用 Chrome 打开百度首页的命令为

```
C:\"Program Files"\Google\Chrome\Application\Chrome www.baidu.com
```

　　注意：命令中的第一个空格之前的内容被视为可执行文件路径，若文件路径中有空格则需要使用双引号。

　　对于 copy、move、递归删除目录等常见任务，则可以使用 shutil 库提供的工具方法。

2.5　Python 面向对象

　　在 Python 中一切皆对象。

2.5.1　花名册

　　现在有一个字符串列表，存储了几个人的名字，代码如下：

```
string_list = ["ZhangSan", "LiSi", "WangWu", "ZhaoLiu"]
```

如果需要在存储名字的同时，存储他们的年龄，可以通过嵌套列表的方式，代码如下：

```
string_list = [["ZhangSan", 20], ["LiSi", 24], ["WangWu", 15], ["ZhaoLiu", 64]]
print(string_list)
```

如何筛选出年龄大于或等于18岁的人（子列表）并放到一个列表中呢？我们需要将一个字列表看作一个整体，并使用一个序号来索引它，正好我们知道列表中每个元素都有唯一的下标。

代码如下：

```
# Chapter02/02-5/demo1.py
people_list = [["ZhangSan", 20], ["LiSi", 24], ["WangWu", 15], ["ZhaoLiu", 64]]

the_older_than_18 = []

for index in range(len(people_list)):
    person = people_list[index]
    if person[1] >= 18:
        the_older_than_18.append(person)

print(the_older_than_18)

# Output:
# [['ZhangSan', 20], ['LiSi', 24], ['ZhaoLiu', 64]]
```

如何让列表中的人向别人打招呼呢？

首先我们需要知道，函数本身和数字、字符串一样，其可以相互传递，代码如下：

```
def greet():
    print("Hello!")

func = greet
func()
```

所以让列表中的人会打招呼，只需在代表一个人的子列表中追加一个函数名，需要打招呼的时候找到它然后使用()调用，代码如下：

```
people_list = [["ZhangSan", 20, greet], ["LiSi", 24, greet], ["WangWu", 15, greet], ["ZhaoLiu", 64, greet]]
```

注意：这里添加的是函数的名字，不带小括号，带上小括号是将函数的返回值添加进去（因为greet函数并没有使用return返回值，所以添加了一个None代表空）。

```
# Chapter02/02-5/demo2.py

def greet():
    print("Hello!")


people_list = [["ZhangSan", 20, greet], ["LiSi", 24, greet], ["WangWu", 15, greet],
["ZhaoLiu", 64, greet]]

for index in range(len(people_list)):
    person = people_list[index]
    person[2]()
```

但是我们知道每个人打招呼都是不一样的，在调用函数的时候需要传入一个参数表示自己是谁，代码如下：

```
# Chapter02/02-5/demo3.py

def greet(index):
    person = people_list[index]
    print(person[0] + "is saying hello to you!")


people_list = [["ZhangSan", 20, greet], ["LiSi", 24, greet], ["WangWu", 15, greet],
["ZhaoLiu", 64, greet]]

for index in range(len(people_list)):
    person = people_list[index]
    person[2](index)
```

输出如下：

```
ZhangSanis saying hello to you!
LiSiis saying hello to you!
WangWuis saying hello to you!
ZhaoLiuis saying hello to you!
```

2.5.2 使用 class 关键字声明类

尽管我们使用列表完成了管理花名册的任务，但手动管理每个子列表未免太过烦琐，而且总是用数组下标索引字列表中的每个元素也不够直观且容易犯错，不过高级语言都提供了类和对象的方式来组织我们的代码。

要表示一个人,只需定义一个类,将人的属性定义为类的属性,将人能够做的事情定义为方法,代码如下:

```
class Person:
    def __init__(self, name, age):
        self.name = name
        self.age = age

    def greet(self):
        print(self.name + "is saying hello to you!")
```

如果你使用的是 IDE,那么每个 self 都会自动出现,它其实就是前面我们使用的 index,用来区分每个依照这个作为模板的类实例化而产生的对象,和之前的列表下标一样,同样不需要我们管理。如果你使用 IDE,那么你会发现在定义成员函数的时候,一打出(),它就迫不及待地为你补上 self 这个参数。

上面我们只是定义了一个类,它相当于一个模板,但是还不是一个个实例,当我们使用"类名()"的方式创建并返回一个 Person 对象之后,Python 解释器会自动调用 __init__(self)方法,使用. 可以访问这个对象的成员。

```
# Chapter02/02-5/demo4.py

class Person:
    def __init__(self, name, age):
        self.name = name
        self.age = age

    def greet(self):
        print(self.name + "is saying hello to you!")


person = Person("ZhangSan", 20)
person.greet()
```

如 __init__(),这种函数名以两个下画线开头并以两个下画线结尾,这种方法被称为魔术方法,它们会在合适的时候被 Python 解释器调用,名称是约定的,不能自己定义。

> **提示**:Python 虽然是强类型语言,但却是动态语言,其变量的类型在运行时才能确定,因此 IDE 通常无法提示一个导入的类的公开成员。对于静态语言,如 C++而言,知道一个变量的类型就知道应该如何使用它了。

除了 __init__()之外,还有一个我们经常打交道的魔法函数:__call__(),当对象后接()时,Python 解释器会调用该对象的 __call__()方法,该对象被称为可调用对象,代码如下:

```
class CallableObject:
    def __call__(self, *args, **kwargs):
        print("Hello!")

callable_object = CallableObject()
callable_object()
```

你可能已经想到了,"在 Python 里一切皆对象",之前我们使用 def 定义一个函数,其实就是创建了一个可调用对象。后面我们会提到,PyTorch 给我们提供的神经网络,也是一个可调用对象。另外,如"+""-""*""/"这样的运算符也是函数(可调用对象),能够使用这些运算符进行运算的对象(例如整数、浮点数)需要实现魔术方法 __add__()、__sub__()、__mul__()、__truediv__(),它们会在表达式计算时被传入运算符并自动调用。

我们说 Python 的第三方库非常丰富,而第三方库有两种提供工具的方式:①提供类,该类封装了许多我们需要的方法;②提供静态函数。在其他主流编程语言中提供类的方式占主流,而因为 Python 动态语言的特性,一些第三方库以提供静态函数为主要方式,但 PyTorch 不在此列,使用 PyTorch 时以继承和实例化 PyTorch 提供的类为主。

2.5.3　限定函数参数的类型

通常函数对输入的参数的类型是有要求的,一个求二维物体距离的函数若传入一个三维物体,计算结果很可能出错。要限制函数参数的类型,需要在声明函数时在参数名的后面接一个 : 及要求的类型;在表示函数内容的 : 后接→类型名,则可以指定返回值的类型。

Python 中求三维空间中两个物体间的距离的函数代码如下:

```
#Chapter02/02-5/function.py

import math

class Object:
    def __init__(self, x, y, z):
        self.x = x
        self.y = y
        self.z = z
def distance(object1: Object, object2: Object) -> float:
    return math.sqrt(
        math.pow(object1.x - object2.x, 2) + math.pow(object1.y - object2.y, 2) + math.pow(object1.z - object2.z, 2))


player = Object(0, 0, 0)
enemy = Object(100, 100, 100)

print("The distance between two objects is {}".format(distance(player, enemy)))
```

提示：此处 math.pow(x,2) 和 math.sqrt(x) 可改写成 x**2 和 x**0.5。

在声明函数时指定参数类型和返回值类型是一种规范。

2.5.4 静态方法

静态方法对于 Java 来说是一个重要概念，但对 Python 来说其实相比函数（不在类中定义的方法）只多了按类组织代码的作用。

面向对象编程让函数本身有状态，但有时候我们不需要这个特性，例如提供工具方法的时候。以一个遍历当前文件夹所有的文件的方法为例进行演示，代码如下：

```python
import os


class DataUtil:

    def get_all_files(self, path: str) -> list:
        all_files = []
        for root, dirs, files in os.walk(path):
            for file in files:
                all_files.append(os.path.join(root, file))
        return all_files
```

测试代码：

```python
data_util = DataUtil()
print(data_util.get_all_files("./data"))
```

其实 get_all_file 中并不需要参数以外的数据，可以专门创建一个对象调用它，但没必要。

如果你使用的是 PyCharm，它实际上会提醒你，这个方法可以改为静态方法，如图 2-13 所示。

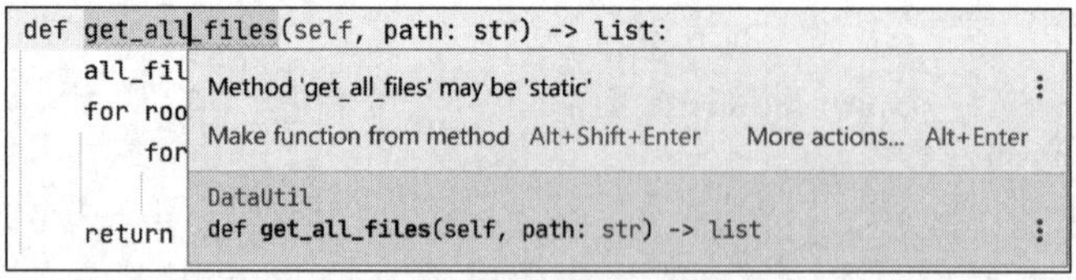

图 2-13 PyCharm 智能提示

可以将光标移动到 get_all_files 处，按下快捷键 Alt＋Enter 并选择 Make method static，或手动在方法声明的上方加一个@开头的函数装饰器@staticmethod，代码如下：

```python
class DataUtil:

    @staticmethod
    def get_all_files(path: str) -> list:
        all_files = []
        for root, dirs, files in os.walk(path):
            for file in files:
                all_files.append(os.path.join(root, file))
        return all_files
```

静态方法可以不依赖于对象,直接使用类名.的方式调用,测试代码如下:

```
print(DataUtil.get_all_files("./data"))
```

2.6 包和模块

丰富的第三方库和它们方便的安装方式让 Python 几乎无所不能。

2.6.1 安装第三方库

pip 为 Python 安装第三方库的工具,默认情况下从国外下载安装文件速度非常慢,可更改为清华源。

步骤如下:

(1) 使用快捷键 Win+X 打开快捷操作,再按 I 打开 Windows PowerShell,更新 pip 版本,命令如下:

```
pip install -i https://pypi.tuna.tsinghua.edu.cn/simple pip -U
```

(2) 上一个命令完成后,更改 pip 源设置,命令如下:

```
pip config set global.index-URL https://pypi.tuna.tsinghua.edu.cn/simple
```

成功后可使用"pip install 库名"安装需要的第三方库(安装时库名使用大小写均可,但导入时对大小写敏感),例如安装 NumPy,命令如下:

```
pip install numpy
```

这样默认下载最新版本的库,但有时候需要指定库的版本,否则会出现不兼容,此时可以在库名后使用==指定版本,命令如下:

```
pip install matplotlib==3.2.2
```

一个第三方库实际上就是一个文件夹,其中放着一些 Python 源文件,当使用 pip 安装第三方库时,实际上是将那个库的文件下载并复制到 Python 安装目录下的 Lib\site-packages 文件夹中,如图 2-14 所示。

图 2-14　第三方库所在文件夹

当使用 import 语句时,Lib\site-packages 中的内容能被自动检索,所有默认检索的路径可通过 sys.path,当执行 import numpy 时,Python 解释器会到这些默认搜索路径寻找名为 numpy 的包,如果所有路径都没有此包,才会报错 ModuleNotFoundError: No module named 'numpy'。

2.6.2　创建包和模块

在 Python 中,库是一个文件夹(至少有一个空的 __init__.py 文件),模块是一个 Python 源文件。

如果我们在 A.py 写了一个函数,想在 B.py 中使用,需要使用 import 语句。

1. 模块

A.py 代码如下:

```
def add(a, b):
    return a + b
```

B.py 代码如下:

```
import A

print(A.add(1,2))
```

运行 B.py 时,会打印 3。

2. 包

创建一个文件夹 A,新建一个 __init__.py 文件,如图 2-15 所示。

向 __init__.py 添加一个函数,代码如下:

```
def add(a, b):
    return a + b
```

图 2-15 创建一个包

与 A 文件夹同级创建一个 main.py 源文件,导入并用模块名.的方式使用 A 包 __init__ 中定义的函数 add,代码如下:

```
import A

print(A.add(1, 2))
```

有时候我们并不需要导入整个库,只需导入库中的一个函数,可以使用 from 库 import 函数/变量的语法,代码如下:

```
from A import add

print(add(1, 2))
```

这样导入的函数不需要前缀,因此出现了一种不规范的用法:from A import *,这样便可以不加包名前缀地使用导入的包里所有的函数和变量,这样虽然方便,却会污染当前的命名空间,所以不应该使用此种方式。

注意:除了包、模块,我们还会提到"库""框架",它们并没有严格的定义,通常我们把规模较小的包叫作库,例如 Requests、NumPy;把规模较大的包叫作框架,例如 PyTorch、TensorFlow、PyQt。

3. import 语句本质

当 Python 解释器遇到 import A 语句时,会在环境变量的路径中寻找名为 A 的含有 __init__.py 的文件夹或名为 A.py 的文件,当找到名为 A 的含有 __init__.py 的文件夹时,执行一遍 __init__.py 的代码,赋值给一个 module 类型的对象,对象名为库名或用 as 起的别名;当找到名为 A.py 的文件时,同样执行一遍该文件,赋值给一个 module 类型的对象,代码如下:

```
import matplotlib

print(type(matplotlib))
```

输出如下：

```
<class 'module'>
```

提示：在 Python 中一切皆对象，也就是类的定义、方法的定义也是对象，类的定义是 type 类型的对象，方法的定义是 function 类型的对象，因此它们可以在导入后作为 module 对象的成员。

因为一个包/模块是被包装为一个对象供导入的脚本使用，它们就要符合变量的命令规则，例如虽然可以将一个 Python 源文件命名为"1.A.py"并使用 Python 解释器正确执行，但这样命名的 Python 源文件无法作为模块被别的脚本导入。

4. 主函数

通常写完一个模块（一个 Python 源文件）需要进行测试，例如 math_functions.py，代码如下：

```
# Chapter02/02-6/1.math_functions.py
def factorial(n):
    if n == 0:
        return 0

    result = 1
    for i in range(2, n + 1):
        result *= i

    return result
```

将同级文件夹 Python 源文件导入该模块，代码如下：

```
import math_functions
print(math_functions.factorial(5))
```

输出如下：

```
0
6
120
```

因为导入模块就是把那个模块运行一遍并赋值给一个对象，所以那个模块里的测试代码也被执行了。为了解决这个问题，可以使用 if __name__ == '__main__' 包裹测试代码，代码如下：

```python
if __name__ == '__main__':
    print(factorial(0))
    print(factorial(3))
```

这时候别的源文件再导入这个模块，就不会执行这两句测试代码了，输出如下：

```
120
```

这是为什么呢？__name__是Python解释器维护的模块的内建变量，即便什么都不写的Python源文件也会自动拥有这个变量，当Python源文件被独立运行时，该变量的值为__main__，这时候if条件通过，执行测试代码；当Python源文件被当作模块导入时，该变量的值为模块的名称，此例中为math_functions，if条件不通过，不会执行测试代码，代码如下：

```python
import math_functions
print(math_functions.__name__)
```

输出：

```
math_functions
```

除了最常用的__name__之外，还有许多其他的内建变量，常用的还有__file__：当前文件的路径。所有的内建变量可以通过vars()获得，代码如下：

```python
vars()
```

输出如下：

```
{'__name__': '__main__',
 '__doc__': 'Automatically created module for IPython interactive environment',
 '__package__': None,
 '__loader__': None,
 '__spec__': None,
 '__builtin__': <module 'builtins' (built-in)>,
 '__builtins__': <module 'builtins' (built-in)>,
 '_ih': ['', 'vars()'],
 '_oh': {},
 '_dh': ['C:\\Users\\张伟振'],
 'In': ['', 'vars()'],
 'Out': {},
 'get_ipython': < bound method InteractiveShell.get_ipython of < IPython.terminal.interactiveshell.TerminalInteractiveShell object at 0x000001CB60ED3A88 >>,
 'exit': < IPython.core.autocall.ExitAutocall at 0x1cb60ec93c8 >,
 'quit': < IPython.core.autocall.ExitAutocall at 0x1cb60ec93c8 >,
```

```
'_': '',
'__': '',
'___': '',
'_i': '',
'_ii': '',
'_iii': '',
'_i1': 'vars()'}
```

注意这里的__builtin__，它是一个对象，在 Python 脚本中可以直接使用的 print、max 等函数都在其中。

代码如下：

```
__builtin__.print("Hello!")
```

输出如下：

```
Hello!
```

这些内置的函数都在 builtins.py 中，相当于 Python 解释器执行脚本时自动做了 from builtins import * 的工作。

2.6.3 使用第三方库

我们以 matplotlib 库为例，安装它非常简单，打开 Windows PowerShell 运行以下命令：

```
pip install matplotlib
```

没有红色报错则表示安装成功，使用 import 语句，导入 matplotlib 包的 pyplot 目录，代码如下：

```
import matplotlib.pyplot
```

这时候使用"matplotlib.pyplot.成员名"就可以使用库中定义的变量、函数、类等，但这种写法代码会很长，通常会使用 as 关键字生成一个别名，代码如下：

```
import matplotlib.pyplot as plt
```

这样只需"plt.成员名"就可以使用库中的变量、函数、类了。

注意：最常见（几乎可以称为行业标准）的 3 个 Python 第三方库其别名是有约定的，NumPy 别名为 np，matplotlib.pyplot 别名为 plt，Pandas 别名为 pd，写其他别名会让阅读代码的人产生疑惑。

当我们在物理实验中获得了一个变量的记录并将其存放到 records 列表中，使用

matplotlib.pyplot.plot()可绘制一张折线图,因为我们之前为 matplotlib.pyplot 起的别名为 plt,因此绘制方式改为 plt.plot(records),之后还需要调用 plt.show()展示绘制成的折线图,代码如下:

```
import matplotlib.pyplot as plt

records = [33, 31, 32, 31, 32, 31, 29, 27, 26, 25, 26, 25, 29, 30, 30]
plt.plot(records)
plt.show()
```

如果要绘制散点图,则可以使用 plt.scatter();如果要指定 x 和 y,则可以传入两个参数,如 plt.scatter(x_data, y_data)。

使用 plt.imread 读入一张图片,使用 imshow 显示,代码如下:

```
import matplotlib.pyplot as plt

image = plt.imread(R"C:\Users\张伟振\Pictures\img1.jpg")
plt.imshow(image)
plt.show()
```

这里传给 plt.show()的是一个对象,包含了一张图片的全部像素。

注意:Windows 平台将用于转义的反斜杠\(如\t 转义为 Tab,\n 转义为换行)用于分割路径,不加处理会引起错误,所以在路径字符串前面加一个忽略转义的 R 是个好习惯。

此外,某些时候我们只需一个路径中的某一两个类、某一个两个文件而不是整个库,例如读取图片时只导入 PIL 中的 Image 模块,代码如下:

```
from PIL import Image
```

之后可以不加 PIL 前缀使用 Image,代码如下:

```
src = Image.open("test.jpg")
```

2.6.4 打包 Python 源代码

有时候需要使用 Python 写一个小工具,但每次使用时都需要开启命令行以便使用 Python 解释器运行,这样操作有些麻烦,或者需要将这个小工具分发给别人使用,而他们不一定有 Python 环境。这两种情况都可以使用 PyInstaller 库将 Python 源代码打包成.exe 可执行文件,这样便可以像普通的应用程序 Chrome、QQ 那样双击执行。

1. 安装 PyInstaller

使用 pip 安装 PyInstaller 需要自行安装对应的依赖库,命令如下:

```
pip install pywin32
pip install wheel
pip install pyinstaller
```

2. 打包 Python 脚本

假设在实验室中刚刚做完实验,得到了一组实验数据并将其保存在 data.csv 中,如图 2-16 所示,需要将其绘制成散点图进行分析。

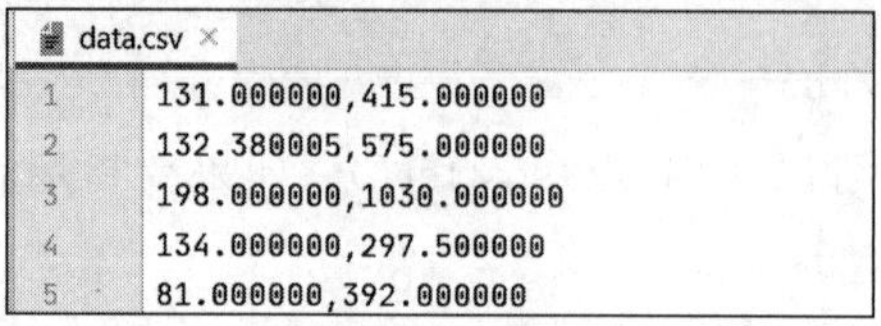

```
data.csv ×
1   131.000000,415.000000
2   132.380005,575.000000
3   198.000000,1030.000000
4   134.000000,297.500000
5   81.000000,392.000000
```

图 2-16 csv 文件

提示:逗号分隔值(Comma-Separated Values,CSV),是一种存储数据的常用文本格式,一条记录是一行,由逗号分割一行中的不同字段。

因为每行数据按逗号分隔,所以需要使用字符串函数 split(分隔符),该函数按分隔符将字符串分隔成一个列表,代码如下:

```
line = "131.000000,415.000000"
print(line.split(","))
```

输出如下:

```
['131.000000', '415.000000']
```

绘制并保存图像,Python 脚本代码如下:

```
#Chapter02/02-6/2.plot.py

import matplotlib.pyplot as plt

x_data = []
y_data = []
with open("./data.csv") as f:
    for line in f:
        x = line.split(",")[0]
        y = line.split(",")[1]

        x_data.append(x)
        y_data.append(y)

plt.scatter(x_data, y_data)
plt.savefig("scatter.png")
```

在 CMD 中使用命令 pyinstaller -w -F plot.py 将其打包为可执行文件，期间会在当前文件夹产生一些中间文件，dist 文件夹存放的是所需的二进制可执行文件，如图 2-17 所示。

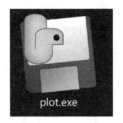

图 2-17　打包成的可执行文件

将 data.csv 存放在与其相同的目录下，双击 plot.exe 就可以生成一张散点图。

注意：Python 代码常常会使用第三方库，并不是所有的第三方库都可使用 PyInstaller 打包，但常见的如 NumPy、Matplotlib(版本需低于 3.2.2)、Pandas、PyQt5 均可。

除了 PyInstaller 之外，还可以使用 Nuitka 打包 Python 脚本，它把 Python 编译为 C++，因此速度更快且具有保密性，但需要安装 C++的编译器。

2.7 开发环境

通常我们使用 Python 并不是使用交互式解释器，而是用文本编辑器编辑一段 Python 代码让 Python 解释器从上到下执行。Python 的主流开发工具有 Jupyter Notebook 和 PyCharm，前者往往用于学习和模型的测试，后者往往用于模型的最终发布。

2.7.1 Jupyter Notebook

Jupyter Notebook 是一个 Web 应用，类似于一个网站，可以在线编辑和调试代码，可以在本地执行也可以放在服务器上远程执行。

使用 pip install jupyter 安装，安装完成后可以在命令行中使用"jupyter notebook 路径"运行 Jupyter Notebook 并指定根目录，执行这条命令之后 Jupyter 将会启动一个本地 Web 服务，并给出其访问地址，如图 2-18 所示。

```
PS C:\Users\张伟振> jupyter notebook c:/temp
[I 09:02:18.995 NotebookApp] Serving notebooks from local directory: c:\temp
[I 09:02:18.995 NotebookApp] Jupyter Notebook 6.1.4 is running at:
[I 09:02:18.997 NotebookApp] http://localhost:8888/?token=6094a044d8ccf03230cfbb954eb35d80ffd9a17e595f5867
[I 09:02:18.997 NotebookApp]  or http://127.0.0.1:8888/?token=6094a044d8ccf03230cfbb954eb35d80ffd9a17e595f5867
[I 09:02:18.997 NotebookApp] Use Control-C to stop this server and shut down all kernels (twice to skip confirmation).
[C 09:02:19.032 NotebookApp]

    To access the notebook, open this file in a browser:
        file:///C:/Users/%E5%BC%A0%E4%BC%9F%E6%8C%AF/AppData/Roaming/jupyter/runtime/nbserver-13856-open.html
    Or copy and paste one of these URLs:
        http://localhost:8888/?token=6094a044d8ccf03230cfbb954eb35d80ffd9a17e595f5867
     or http://127.0.0.1:8888/?token=6094a044d8ccf03230cfbb954eb35d80ffd9a17e595f5867
```

图 2-18　使用命令启动 Jupyter Notebook

这里给出的 3 个网址均可以访问 Jupyter Notebook。最小化该命令行窗口（Jupyter Notebook 作为一个程序运行在此命令行中，若关闭此命令行，则 Jupyter Notebook 停止运行，或者可以在该命令行按 Ctrl＋C 键以停止运行），在浏览器中访问 http://localhost:8888/tree（这里给出的网址），则可以看到 Jupyter Notebook 的界面，单击 New→Python 3，则可以新建一个 Notebook，如图 2-19 所示。

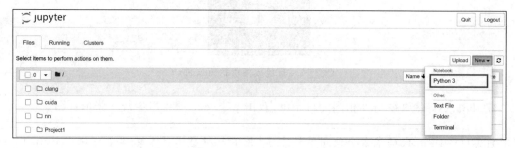

图 2-19　新建 Notebook

在新建的 Notebook 中可以输入代码，并按 Ctrl＋Enter 键执行；按 Shift＋Enter 键执行并选中下方的文本块；按 Tab 键进行智能提示，按 Shift＋Tab 键显示文档；按 H 键显示所有快捷键，如图 2-20 所示。

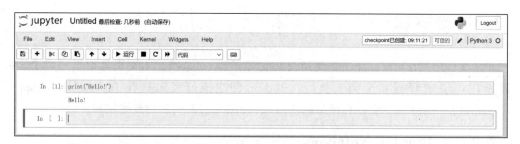

图 2-20　在 Notebook 中编辑和执行代码

2.7.2　安装 PyCharm

PyCharm 是 Python 目前最主流的 IDE（集成开发环境）之一，使用它作为开发工具能让 Python 编程更加轻松愉快。安装步骤如下：

（1）前往 PyCharm 官网，在浏览器地址栏输入 PyCharm 官网的网址 https://www.jetbrains.com/PyCharm/ 并按回车键。

（2）单击 DOWNLOAD 按钮进入下载页面。

（3）选择 Community 并单击 Download。

（4）双击下载的安装包进行安装。

打开 PyCharm，单击 New Project，默认为 Pure Python 项目，选择 Existing interpreter，并单击省略号按钮。若没有识别到 Python 解释器，可单击省略号选择 System Interpreter，如

图 2-21 所示。

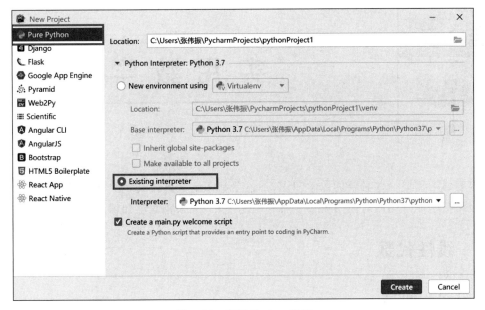

图 2-21　新建 Python 项目

第 3 章

实 用 数 学

深度学习需要一些必要的数学知识,不过单纯搬定义讲公式多少有些空洞枯燥,因此本章在介绍数学原理的同时使用第 2 章所介绍的 Python 来将数学知识用代码展示。

3.1 线性代数

3.1.1 向量

n 个数组成的有序数组 $(a_1, a_2, \cdots, a_n)$、$\begin{bmatrix} a_1 \\ a_2 \\ \vdots \\ a_n \end{bmatrix}$ 称为维度为 n 的向量,简称 n 维向量,第 i 个数 a_i 称为此向量的第 i 个分量。

向量可直接用 Python 中的 list 表示,代码如下:

```
v = [1,2,3,4,5]
```

若两个向量维度相同且对应的分量都相等,则称这两个向量相等,代码如下:

```
#Chapter03/03-1/1.vector.py

def vector_equals(vector1: list, vector2: list) -> bool:
    if len(vector1) != len(vector2):
        return False
    else:
        vector_length = len(vector1)
    
    for i in range(vector_length):
        #任一元素不相同则返回值为 false
        if vector1[i] != vector2[i]:
            return False
```

```
        return True
```

测试代码如下：

```
v1 = [1, 2, 2, 3]
v2 = [1, 2, 2, 3]
v3 = [1, 2, 2, 4]

print(vector_equals(v1, v2))
print(vector_equals(v1, v3))
```

输出如下：

```
True
False
```

设 $a=(a_1,a_2,\cdots,a_n)$，$b=(b_1,b_2,\cdots,b_n)$，λ 为数，称向量 $a+b=(a_1+b_1,a_2+b_2,\cdots,a_n+b_n)$ 为 a 与 b 的和，称向量 $\lambda a=(\lambda a_1,\lambda a_2,\cdots,\lambda a_n)$ 为 λ 与 a 的数量积。

进行向量加法计算时，首先需判断两个向量的长度是否相等，如果不相等，也不会返回一个错误的结果，而是直接抛出异常让调用者检查调用的代码，代码如下：

```
# Chapter03/03-1/1.vector.py

def vector_add(vector1: list, vector2: list) -> list:
    result = []
    if len(vector1) != len(vector2):
        raise Exception("vector1 与 vector2 长度不匹配")
    else:
        vector_length = len(vector1)

        for i in range(vector_length):
            result.append(vector1[i] + vector2[i])

    return result
```

测试代码：

```
v1 = [1, 2, 2, 3]
v2 = [1, 2, 2, 3]
v3 = [1, 2, 2]
print(vector_add(v1, v2))
print(vector_add(v1, v3))
```

输出如下：

```
[2, 4, 4, 6]
Exception: vector1 与 vector2 长度不匹配
```

向量相乘,代码如下:

```
#Chapter03/03-1/1.vector.py

def vector_scalar_multiplication(scalar: float, vector: list) -> list:
    result = vector
    for i in range(len(vector)):
        vector[i] = scalar * vector[i]
    return result
```

设 $\boldsymbol{a}=(a_1,a_2,\cdots,a_n)$,$\boldsymbol{b}=(b_1,b_2,\cdots,b_n)$,称向量 $\boldsymbol{a}\cdot\boldsymbol{b}=a_1b_1+a_2b_2,\cdots,+a_nb_n$ 为 $\boldsymbol{a}$ 与 $\boldsymbol{b}$ 的内积(Inner Product),内积可衡量两个向量间的相似程度,代码如下:

```
#Chapter03/03-1/1.vector.py

def vector_inner_product(vector1: list, vector2: list) -> float:
    
    if len(vector1) != len(vector2):
        raise Exception("vector1 与 vector2 长度不匹配")
    else:
        vector_length = len(vector1)
        result = 0
        for i in range(vector_length):
            result += vector1[i] * vector2[i]
        
        return result
```

3.1.2 矩阵

由 $m\times n$ 个数 $a_{ij}(i=1,2,\cdots,m;j=1,2,\cdots,n)$ 排成的 m 行 n 列的数表称为 m 行 n 列的矩阵,简称 $m\times n$ 矩阵,记作

$$\boldsymbol{A}=\begin{bmatrix} a_{11} & a_{12} & \cdots & a_{1n} \\ a_{21} & a_{22} & \cdots & a_{2n} \\ \vdots & \vdots & & \vdots \\ a_{m1} & a_{m2} & \cdots & a_{mn} \end{bmatrix} \tag{3-1}$$

简记为 $\boldsymbol{A}$ 或 $\boldsymbol{A}_{m\times n}$,在 Python 中可用嵌套列表表示,代码如下:

```
matrix = [[0, 1, 2],
          [3, 4, 5],
          [6, 7, 8]]
```

当矩阵 **A** 和矩阵 **B** 的行数和列数分别对应相等时，称 **A** 和 **B** 为同型矩阵；进一步，若同型矩阵 **A** 和 **B** 的每个元素对应相等时，称矩阵 **A** 和矩阵 **B** 相等，代码如下：

```python
# Chapter03/03-1/2.matrix.py

def matrix_equals(vector1: list, vector2: list) -> bool:
    if len(vector1) == 0 and len(vector2) == 0:
        return True
    if len(vector1) != len(vector2) or len(vector1[0]) != len(vector2[0]):
        return False
    else:
        m = len(vector1)
        n = len(vector1[0])
    for i in range(m):
        for j in range(n):
            if vector1[i][j] != vector2[i][j]:
                return False
    return True
```

测试代码如下：

```python
matrix1 = [[0, 1, 2], [3, 4, 5], [6, 7, 8]]
matrix2 = [[0, 1, 2], [3, 4, 5], [6, 7, 8]]
matrix3 = [[0, 1, 3], [3, 4, 5], [6, 7, 8]]

print(matrix_equals(matrix1, matrix2))
print(matrix_equals(matrix1, matrix3))
```

输出如下：

```
True
False
```

矩阵加法 **A**＋**B** 定义为

$$\boldsymbol{A}+\boldsymbol{B}=\begin{bmatrix} a_{11}+b_{11} & a_{12}+b_{12} & \cdots & a_{1n}+b_{1n} \\ a_{21}+b_{21} & a_{22}+b_{22} & \cdots & a_{2n}+b_{2n} \\ \vdots & \vdots & & \vdots \\ a_{m1}+b_{m1} & a_{m2}+b_{m2} & \cdots & a_{mn}+b_{mn} \end{bmatrix} \quad (3-2)$$

代码如下：

```python
# Chapter03/03-1/2.matrix.py

def matrix_add(matrix1: list, matrix2: list) -> list:
    result = []
```

```python
        if len(matrix1) != len(matrix2) or len(matrix1[0]) != len(matrix2[0]):
            raise Exception("matrix1 与 matrix2 不是同型矩阵,无法进行矩阵相加")
        else:
            m = len(matrix1)
            n = len(matrix1[0])
        for i in range(m):
            line = []
            for j in range(n):
                line.append(matrix1[i][j] + matrix2[i][j])
            result.append(line)
        return result
```

测试代码如下:

```python
matrix3 = [[0, 1, 3], [3, 4, 5], [6, 7, 8]]
print(matrix_add(matrix1, matrix3))
```

输出如下:

```
[[0, 2, 5], [6, 8, 10], [12, 14, 16]]
```

数 λ 与矩阵 A 的乘积记作 λA,定义为

$$\lambda A = \begin{bmatrix} \lambda a_{11} & \lambda a_{12} & \cdots & \lambda a_{1n} \\ \lambda a_{21} & \lambda a_{22} & \cdots & \lambda a_{2n} \\ \vdots & \vdots & & \vdots \\ \lambda a_{m1} & \lambda a_{m2} & \cdots & \lambda a_{mn} \end{bmatrix} \quad (3-3)$$

代码如下:

```python
#Chapter03/03-1/2.matrix.py

def matrix_scalar_multiplication(scalar: float, matrix: list) -> list:
    result = []
    m = len(matrix1)
    n = len(matrix1[0])
    for i in range(m):
        line = []
        for j in range(n):
            line.append(scalar * matrix[i][j])
        result.append(line)
    return result
```

测试代码如下:

```python
matrix3 = [[0, 1, 3], [3, 4, 5], [6, 7, 8]]
print(matrix_scalar_multiplication(3, matrix3))
```

输出如下:

```
[[0, 3, 9], [9, 12, 15], [18, 21, 24]]
```

矩阵 A 与矩阵 B 进行矩阵矩阵乘法,记为 $C=AB$,结果 C_{ij} 为 A_i 行向量与 B_j 列向量的内积,即

$$C[i,j] = A[i,:] \cdot B[:,j] \tag{3-4}$$

$i=1,2,3,\cdots,m$;$j=1,2,\cdots,n$,例如

$$A = \begin{bmatrix} a_{11} & a_{12} & a_{13} \\ a_{21} & a_{22} & a_{23} \end{bmatrix} \tag{3-5}$$

$$B = \begin{bmatrix} b_{11} & b_{12} \\ b_{21} & b_{22} \\ b_{31} & b_{32} \end{bmatrix} \tag{3-6}$$

$$C = AB = \begin{bmatrix} a_{11}b_{11}+a_{12}b_{21}+a_{13}b_{31} & a_{11}b_{12}+a_{12}b_{22}+a_{13}b_{32} \\ a_{21}b_{11}+a_{22}b_{21}+a_{23}b_{31} & a_{21}b_{12}+a_{22}b_{22}+a_{23}b_{32} \end{bmatrix} \tag{3-7}$$

使用 Python 实现时需要 3 层循环,前两层控制 i 和 j,第 3 层控制 A 的行向量和 B 的列向量内积,代码如下:

```python
# Chapter03/03-1/2.matrix.py

def matrix_multiply(matrix1: list, matrix2: list) -> list:
    if len(matrix1[0]) != len(matrix2):
        raise Exception("matrix1 的列数与 matrix2 行数不相等,无法进行矩阵乘法")
    matrix1_rows_number = len(matrix1)
    matrix1_columns_number = len(matrix1[0])
    matrix2_columns_number = len(matrix2[0])

    result = []
    for i in range(matrix1_rows_number):
        line = []
        for j in range(matrix2_columns_number):
            sum = 0
            for k in range(matrix1_columns_number):
                sum += matrix1[i][k] * matrix2[k][j]
            line.append(sum)
        result.append(line)

    return result
```

测试代码:

```
matrix1 = [[0, 1, 2], [3, 4, 5], [6, 7, 8]]
matrix2 = [[0, 1, 3], [3, 4, 5], [6, 7, 8]]
print(matrix_multiply(matrix1, matrix3))
```

输出如下：

```
[[15, 18, 21], [42, 54, 69], [69, 90, 117]]
```

设矩阵

$$\boldsymbol{A} = \begin{bmatrix} a_{11} & a_{12} & \cdots & a_{1n} \\ a_{21} & a_{22} & \cdots & a_{2n} \\ \vdots & \vdots & & \vdots \\ a_{m1} & a_{m2} & \cdots & a_{mn} \end{bmatrix} \quad (3\text{-}8)$$

称矩阵

$$\boldsymbol{A}^{\mathrm{T}} = \begin{bmatrix} a_{11} & a_{21} & \cdots & a_{n2} \\ a_{12} & a_{22} & \cdots & a_{n2} \\ \vdots & \vdots & & \vdots \\ a_{1n} & a_{2n} & \cdots & a_{mn} \end{bmatrix} \quad (3\text{-}9)$$

为矩阵 $\boldsymbol{A}$ 的转置矩阵，代码如下：

```
#Chapter03/03-1/2.matrix.py

def matrix_transpose(matrix: list):
    result = []
    m = len(matrix)
    n = len(matrix[0])
    for i in range(n):
        line = []
        for j in range(m):
            line.append(matrix[j][i])
        result.append(line)
    return result
```

3.1.3 使用矩阵的理由

矩阵能够批量地进行运算。现有 4 位同学的成绩矩阵 scores 和两个学校的评价 scores_weights 标准，如图 3-1 所示。

则 scores×scores_weights 可以得到每位同学在两个学校的加权分数；scores_weights$^\mathrm{T}$ × scores$^\mathrm{T}$ 则可以得到两个学校所需要的学生成绩表，如图 3-2 所示。

姓名	语文	数学	英语	物理	化学	生物	体育		评价标准		学校A	学校B
张三	68	60	56	50	99	96	99		科目	权重	权重	
李四	60	90	65	70	50	50	60		语文	1	1	
王五	99	96	54	54	91	95	58		数学	1.5	1	
赵六	65	85	94	52	87	78	80		英语	1.2	1	
									物理	0.9	1	
									化学	0.7	1	
									生物	0.5	1	
									体育	0.1	1	

图 3-1　学生分数和各学校的评价标准

成绩	学校A	学校B
张三	397.4	528
李四	402	445
王五	473.4	547
赵六	460	541

学校A	397.4	402	473.4	460
学校B	528	445	547	541

图 3-2　矩阵乘法效果

代码如下：

```python
#Chapter03/03-1/3.matrix_2.py

scores = [[68, 60, 56, 50, 99, 96, 99],
          [60, 90, 65, 70, 50, 50, 60],
          [99, 96, 54, 54, 91, 95, 58],
          [65, 85, 94, 52, 87, 78, 80]]

scores_weights = [[1, 1], [1.5, 1], [1.2, 1], [0.9, 1], [0.7, 1], [0.5, 1], [0.1, 1]]


if __name__ == '__main__':
    print("Scores at each school")
    print(matrix_multiply(scores, scores_weights))
    print("\n")

    print("Scores at each school")
    print(matrix_multiply(matrix_transpose(scores_weights),matrix_transpose(scores)))
    print("\n")
```

输出如下：

```
Scores at each school
[[[397.4, 528], [402.0, 445], [473.40000000000003, 547], [460.0, 541]]


Scores at each school
[[397.4, 402.0, 473.40000000000003, 460.0], [528, 445, 547, 541]]
```

你可能会想,虽然在表达式上 scores×scores_weights 确实很简明,但底层不还是一个一个算的吗?不还是 3 层 for 循环吗?实际上矩阵的加法、乘法的每个位置的结果运算都不依赖于其他位置结果的产生,它们可以自己算自己的,最后拼成结果。

例如矩阵 A 形状为 $[m,n]$,B 形状为 $[n,s]$,则 $C=A\times B$ 形状为 $[m,s]$,其中 $C[i,j] = A[i,:] \cdot B[:,j]$,则可以启动 $m\times s$ 个线程,其中编号为 $[i,j]$ 的线程负责计算 $A[i,:]$ 与 $B[:,j]$ 的内积,这样理论上算一个元素和算整个矩阵的时间相同(实际上因为计算核心数量、访存带宽等限制还需要进一步优化)。

并行运算的优势在 GPU 与 GPU 的矩阵运算速度对比上非常明显,因为 GPU 含有大量的计算单元,非常适合进行并行运算,一段测试代码如下:

```python
import torch
import time

matrix_cpu = torch.randn(100,784)
w_cpu = torch.randn(784,1000)

matrix_gpu = torch.randn(100,784).cuda()
w_gpu = torch.randn(784,1000).cuda()

start = time.time()
for i in range(10000):
    torch.matmul(matrix_cpu,w_cpu)
end = time.time()
print("Matrix calculation on CPU cost {}s".format(end-start))

start = time.time()
for i in range(10000):
    torch.matmul(matrix_gpu,w_gpu)
end = time.time()
print("Matrix calculation on GPU cost {}s".format(end-start))
```

输出如下:

```
Matrix calculation on CPU cost 30.21947169303894s
Matrix calculation on GPU cost 1.6492195129394531s
```

可以看到在擅长并行运算的 GPU 上矩阵运算的速度相比擅长串行计算的 CPU 上矩阵运算的速度高了一个数量级。实际上主流 GPU 的主频比 CPU 低,只是其运算核心多(例如 GTX3090 主频只有 1.70GHz,但有 10496 个类似 CPU 中逻辑运算单元的 CUDA Core),所以在矩阵运算上具有得天独厚的优势,换句话说,只有批量并行化地运算,才能发挥 GPU 的性能优势。

不过实际上并行计算其实是不得已而为之,计算机适合进行串行计算,串行的程序编写起来也简单,可是无奈的是 CPU 的主频目前因为物理限制提升很困难,单核性能无法大幅度提高,只能通过堆核心来提高计算能力,而要运用多核的优势就需要编写能够并行执行的程序,此外存储器带宽也满足不了处理能力的提升,这也需要并行处理。

3.2 高等数学

3.2.1 函数

设数集 $D \subset R$,对每个 $x \subset D$,按对应法则 f,总有唯一确定的值 y 与之对应,f 称为函数,y 称为函数 f 在 x 处的函数值。若对于每个 $x \subset D$,总有确定的 y 值与值对应,但这个 y 不总是唯一的,即不符合函数的定义,但习惯上我们仍称这种法则确定了一个多值函数。

对于简单的多项式函数,如 $y = x^2$,在 Python 可以使用一个表达式计算出结果,代码如下:

```
def square(x):
    return x * x
```

不过深度学习中用的各种函数往往不是简单的多项式,而是指数函数(e^x)、双曲函数(tanh)、对数函数(logp),它们需要使用泰勒展开得到近似值。

注意:数学概念中可以有无穷大、无穷小,但计算机是现实中的物理实体,不会有无限大的容量和无限高的计算精度,只能用近似,例如在数学上没有最小的正实数,但计算机中有能表示的最小正实数,对 IEEE754 标准的单精度浮点数而言,这个值为 $2^{-126} \approx 1.18 \times 10^{-38}$。

将函数中 D 数集,扩展为非空集合,则这种对应关系称为"映射"或"算子",它与编程语言中的函数的概念相似,但编程语言中的函数范围更大于"映射"。

编程语言中的函数可看作一个可以接收输入,产生输出的系统,但输入和输出都是可选的,无参无返回值并不奇怪,并且对相同的输入产生的输出并不一定确定且也不一定唯一,因为函数中出现伪随机数发生器也并不奇怪,如果编程语言中函数的输入与输出的对应关系是确定的,那就真的玄不救非,氪不改命了。

3.2.2 函数的极限

函数 $f(x)$ 的自变量 x 在某种趋向方式下(如 $x \to 0, x \to \infty$),无限接近某个确定的数 A,则 A 称为 $f(x)$ 在这种趋向方式下的极限。

例如对于函数 $f(x) = x^2 + 1$,当 $x \to 0$ 时,$f(x)$ 的极限为 1。因为当 $x = 1$ 时,$f(x) = 2$,当 $x = 0.5$ 时,$f(x) = 1.25$,当 x 取 0.1 时,$f(x) = 1.01$,……当 x 越接近 0,$f(x)$ 就越接近 1,当 x 无限接近 0 时(记作 $x \to 0$),$f(x)$ 无限接近 1。

你可能会想,$f(0) = 1$,所以 $f(x)$ 在 $x \to 0$ 的极限为 1。这是正确的,因为连续函数在一点的函数值就等于函数趋于那点的极限,但对于不连续的函数就没有这个性质了。

用严谨的数学语言,自变量趋于有限值时函数的极限表述为设函数 $f(x)$ 在点 x_0 的某一去心邻域内有定义,如果存在常数 A,对于任意给定的正数 ε(不论它多么小),总存在正数 δ,使得当 x 满足不等式 $0<|x-x_0|<\delta$ 时,对应的函数值 $f(x)$ 都满足不等式 $|f(x)-A|<\varepsilon$,那么常数 A 就叫作函数 $f(x)$ 当 $x \to x_0$ 时的极限,记作 $\lim\limits_{x \to x_0} f(x) = A$ 或当 $x \to x_0$,$f(x) \to A$。

上面的定义可以这样理解:如果我说 $\lim\limits_{x \to x_0} f(x) = A$,它的意思是,$f(x)$ 在 x_0 周围有定义,且 x 越接近 x_0,$f(x)$ 就越接近 A,当 x 无限接近 x_0 时(记作 $x \to x_0$),$f(x)$ 无限接近 A,不管你给出多么小的一个正数 ε,只要 x 足够靠近 x_0(即在 $0<(|x-x_0|<\delta$ 这个范围内),$f(x)$ 与 A 的距离都可以小于你给出的那个 ε。

我们考虑使用 Python 求极限。极限的定义并不能直接翻译成计算机语言,计算机的世界没有"无数次""无限小",我们只能确定一个非常小的数 δ,让 x 距离 x_0 δ 的距离,假设右极限 $f(x_0+\delta)$ 就是极限,左极限 $f(x_0-\delta)$ 与其值是否大致相等,若左极限等于右极限则极限存在,返回结果,代码如下:

```
#Chapter03/03-1/4.limit.py

def limit(fx, x0, delta = 0.0001, sigma = 0.01):
    right_limit = fx(x0 + delta)
    left_limit = fx(x0 - delta)
    if abs(right_limit - left_limit) < sigma:
        return right_limit
```

测试代码:

```
def f(x):
    return x * x

print(limit(f, 2))
```

输出如下:

```
4.000400010000001
```

连续函数极限值等于函数值,所以很简单。接下来考虑函数

$$f(x) = \frac{\ln\cos(x-1)}{1-\sin\left(\frac{\pi}{2}x\right)} \tag{3-10}$$

求

$$\lim\limits_{x \to 1} f(x) \tag{3-11}$$

测试代码:

```
def f2(x):
    return math.log(math.cos(x - 1)) / (1 - math.sin(math.pi * x / 2))

print(limit(f2, 1))
```

输出如下:

```
-0.40528473223537537
```

这里手动计算验证时就不能直接代入 $x=1$ 了,那样会导致分子和分母都为 0。数学上可以用等价无穷小或者泰勒公式解决,得到结果为 $-\dfrac{4}{\pi^2} \approx -0.4052847345693511$,与 limit 的输出大致相同。

3.2.3 导数

上面我们给出函数极限的定义,是因为主角——导数(Derivative)就是一个极限,它是函数值的增量与引起它的函数自变量的增量的比值的极限。

导数有一个不太准确但是很直观的俗称"瞬时变化率",例如一条道路,开始汽车在距起点 5km 处,过了半小时到了距起点 30km 处,则它的平均速度 $= \dfrac{30-5}{0.5} = 50 \text{km/h}$。

但是我们通常所说的速度是汽车在某一瞬间的速度,汽车表盘测量速度的做法是选取一个非常短的时间,用这段时间的路程/时间得到汽车在某个时刻的速度近似值。用数学语言表示为,当 $t \to t_0$ 时,若

$$v = \lim_{t \to t_0} \frac{s - s_0}{t - t_0} \tag{3-12}$$

存在,则把这个极限值叫作动点在 t_0 时刻的(瞬时)速度。

将自变量 t 换成 x,将 $s(t)$ 换成关于 x 的任意函数 $f(x)$,函数在 x_0 点的导数 $f'(x_0)$ 定义为

$$f'(x_0) = \lim_{\Delta x \to 0} \frac{\Delta y}{\Delta x} = \lim_{x \to x_0} \frac{f(x) - f(x_0)}{x - x_0} \tag{3-13}$$

式中,Δx 代表 x 的增量,Δy 代表由 Δx 引起的 y 的增量。这个定义其实是说,微小的 Δy 和 Δx 之间有线性关系,从几何上看 x_0 点周围的 $f(x)$ 曲线光滑,且在 x_0 周围一个非常小的区间内能用一条直线近似替代,这条直线的斜率就是 $f'(x_0)$。

使用代码实现时,可以使用一个非常小的量来代替 Δx,因为 Δx 可正也可负,定义要求两者相等此点导数存在,故代码如下:

```
#Chapter03/03-1/5.derivative.py

def derivative(fx, x0, delta_x = 0.00001, allow_miss = 0.01):
```

```
        right_derivative = (fx(x0 + delta_x) - fx(x0)) / (delta_x)
        left_derivative = (fx(x0 - delta_x) - fx(x0)) / (-delta_x)
        if abs(right_derivative - left_derivative) < allow_miss:
            return right_derivative
```

使用 $f(x)=x^2+2x+1$ 测试代码：

```
def f(x):
    return x * x + 2 * x + 1

print(derivative(f, 5))
```

输出如下：

```
12.000009999724169
```

这里可以用导函数来验证，$f(x)=x^2+2x+1$ 的导函数为 $f'(x)=2x+2$，因此 $f'(5)=12$。

3.2.4 导函数

上面我们给出的是函数在一个点处的导数，但对于初等函数来说，在一个开区间内每个点都连续每个点都可导很常见，例如 $f(x)=x^2+2x+1$ 在整个实数定义域上处处连续，处处可导。

而如果函数 $f(x)$ 在一个开区间 I 内都可导，那么对这个区间上的所有 x，都对应着一个确定的导数值，这就构成了一个新的函数，这个函数称为原来函数 $y=f(x)$ 的导函数，简称导数，记作 y'、$f'(x)$、$\dfrac{dy}{dx}$ 或 $\dfrac{df'(x)}{dx}$。

常见函数的导函数是有公式的，例如常函数 C 的导函数为 0，$(x^n)'=nx^{n-1}$，$(a^x)'=a^x \ln a$。

$f(x)=x^2+2x+1$ 的导函数为 $f'(x)=x+2$，代码如下：

```
def df(x):
    return 2 * x + 2
```

显然，这个函数能输出准确的 $f'(5)=12$，但缺点是需要程序员自行推导导函数，使用导数定义的求导代码是不太在意函数是什么样子的，但结果是近似值。

3.2.5 泰勒公式

如果函数 $f(x)$ 在点 $x=x_0$ 处存在任意阶导数（即无穷阶可导），则称

$$f(x)=f(x_0)+f'(x_0)(x-x_0)+\frac{f''(x_0)}{2!}(x-x_0)^2+\cdots$$
$$+\frac{f^{(n)}(x_0)}{n!}(x-x_0)^n+\cdots \tag{3-14}$$

为函数 $f(x)$ 在 x_0 处的泰勒级数,记作

$$f(x) \sim \sum_{i=0}^{n} \frac{f^{(n)}(x_0)}{n!}(x-x_0)^n \tag{3-15}$$

当 $x_0 = 0$ 时,该公式称为麦克劳林公式。

这个公式看上去的意思是任何无穷阶可导的函数都可以表示为简单的幂函数之和,但这里之所以写展开符号"$\sim$",而不是等于号"$=$",是因为泰勒展开的值等于函数值是有条件的,确切地说,是对 $f(x)$ 定义域中无穷阶可导区间的所有 x,均满足

$$\lim_{n \to \infty} R_n(x) = \lim_{n \to \infty} \frac{f^{(n+1)}(\varepsilon)}{(n+1)!}(x-x_0)^{n+1} = 0 \tag{3-16}$$

其中 ε 是一个关于 x 的函数,其值总是介于 x 与 x_0 之间,$R_n(x)$ 是 $f(x)$ 在 x_0 处的泰勒公式余项。如果自行展开函数,需要验证满足式(3-16)。一些常见函数的展开如下:

$$e^x = \sum_{n=0}^{\infty} \frac{x^n}{n!} = 1 + x + \frac{x^2}{2!} + \cdots + \frac{x^n}{n!} + \cdots, \quad -\infty < x < \infty \tag{3-17}$$

$$\sin(x) = \sum_{n=0}^{\infty} (-1)^n \frac{x^{2n+1}}{(2n+1)!} = 1 - \frac{x^3}{3} + \frac{x^5}{5} - \frac{x^7}{7} + \cdots$$

$$+ (-1)^n \frac{x^{2n+1}}{(2n+1)!} + \cdots, \quad -\infty < x < \infty \tag{3-18}$$

因此求 e^x 的代码如下(同样需要近似,计算机不能求无限多项和):

```
#Chapter03/03-1/6.Taylor.py

def exp(x, allow_miss = 0.0001):
    result = 1 + x
    n = 2

    while (x ** n) / factorial(n) > allow_miss:
        result += x ** n / factorial(n)
        n += 1
    return result
```

测试代码如下:

```
print(exp(1))
```

输出如下:

```
2.7182539682539684
```

知道了泰勒公式之后即便不借助任何库我们也可以计算双曲函数了,而且展开的多项式的计算可以使用动态规划,即将 x^n 展开为 $x * x^{n-1}$,$n!$ 展开为 $n*(n-1)!$,x^{n-1} 和 $(n-1)!$ 均是上一次循环已经得到的数,因此每一轮循环只需计算新的值,而不是重复计算

x^{n-1} 和 $(n-1)!$，代码如下：

```
#Chapter03/03-1/6.Taylor.py

def exp_dp(x, allow_miss = 0.0001):
    result = 0
    pow_n = 1
    factorial_x = 1
    n = 1
    while pow_n / factorial_x > allow_miss:
        result += pow_n / factorial_x
        pow_n *= x
        factorial_x *= n
        n += 1
    return result
```

3.2.6 偏导数

在一个神经网络中有大量参数，我们需要用到偏导数的概念。偏导数 $\dfrac{\partial f(x_1, x_2, \cdots, x_i, \cdots, x_n)}{\partial x_i}$ 衡量点 x 处只有 x_i 变化时 $f(x)$ 如何变化。

代码如下：

```
#Chapter03/03-1/7.partial_derivative.py

def partial_derivative(fx, x: list, delta_xi = 0.00001, allow_miss = 0.01):
    result = []
    for i, e in enumerate(x):
        x_ = x.copy()
        x_[i] = e + delta_xi
        right_derivative = (fx(x_) - fx(x)) / delta_xi
        x_[i] = e - delta_xi
        left_derivative = (fx(x_) - fx(x)) / -delta_xi
        if abs(right_derivative - left_derivative) < allow_miss:
            result.append(right_derivative)
    return result
```

测试代码使用 sum，即 $f(x_1, x_2, \cdots, x_n) = x_1 + x_2 + \cdots + x_n$，所有 x_i 的偏导数均为 1，代码如下：

```
def f(x: list):
    sum = 0
    for e in x:
        sum += e
```

```
    return sum
```

```
print(partial_derivative(f, [1, 2, 3, 4, 5]))
```

输出如下:

```
[0.9999999999621422, 0.9999999999621422, 0.9999999999621422, 0.9999999999621422, 0.9999999999621422]
```

3.2.7 梯度

梯度是一个包含 f 对所有 x_i 偏导数的向量,即

$$\begin{aligned}&\text{grad} f(x_1, x_2, \cdots, x_i, \cdots, x_n)\\ &= \nabla f(x_1, x_2, \cdots, x_i, \cdots, x_n)\\ &= \left(\frac{\partial f(x_1, x_2, \cdots, x_i, \cdots, x_n)}{\partial x_1} \cdots \frac{\partial f(x_1, x_2, \cdots, x_i, \cdots, x_n)}{\partial x_n} \right)\end{aligned} \qquad (3\text{-}19)$$

第 4 章 深度学习原理和 PyTorch 基础

本章介绍深度学习的基本原理，掌握 PyTorch 的基本使用方法。

4.1 深度学习三部曲

4.1.1 准备数据

搜集需要的数据，给每个数据标注上对应的标签，例如训练猫狗分类器模型时，需要搜集大量猫和狗的照片，并给每张照片标上一个数字，0 代表猫，1 代表狗。

提示：搜集数据和人工为数据标注标签很烦琐，不过网络上有许多公开数据集，学习阶段使用这些公开的数据集是没有问题的。

4.1.2 定义模型、损失函数和优化器

1. 模型

一个简单的神经网络（Neural Network）如图 4-1 所示，由许多彼此相似的层（Layer）堆叠构成，数据送入输入层中，模型给出预测并从输出层输出。它的每一层也并不复杂，只是一个简单的线性变换 $Wx+b$ 再经过一个非线性函数 σ，即上一层传过来的数据和 W 权重矩阵进行矩阵乘法，然后加上偏置 b，然后计算 $\sigma(Wx+b)$ 并将其作为下一层的输入传给下一层。

之所以需要非线性函数 σ，是因为 $Wx+b$ 是线性的，模拟能力很弱，如果单纯像叠积木一样一层层堆起来，也不过是变成了 $W_n(\cdots(W_2(W_1x+b_1)+b_2)\cdots)+b_n$，不难发现，$x$ 只出现一次，这依然只是一个线性函数，这么多 W 和 b 只是相当于一对 W' 和 b'。因此需要引入激活函数，它可以是 tanh，可以是 ReLU，这些非线性函数让深度神经网络的"深度"有了意义，但它们本身非常简单，ReLU $=\begin{cases} 0, & x \leqslant 0 \\ x, & x > 0 \end{cases}$，tanh $=\dfrac{e^x-e^{-x}}{e^x+e^{-x}}$。

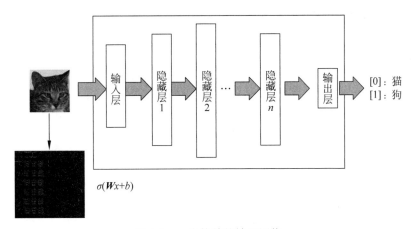

图 4-1 一个简单的神经网络

注意：深度学习效果好并不是因为它数据多、参数多、模型大，实际上，使用一个层数少但每层参数很多的神经网络模型，比一个层数多但每层参数少的模型差得多（在两者总参数量相近的情况下），因为神经网络的层起到抽取特征的作用。

2. 损失函数

损失函数代表模型输出值与真实值的差距。例如输入狗的图片进入网络后输出 0.3，而我们标注的是 1，它们的差距就可以算为 Loss=$(1-0.3)^2$=0.49。显然，当 Loss=0 时，代表模型的输出完全正确。

3. 优化器

优化器是在训练过程中更新参数的策略，最简单的优化器为随机梯度下降。

4.1.3 训练模型

调整模型中 W 和 b 的值，使 Loss 最小。

所用的算法为梯度下降算法，也就是求 Loss 对 W 和 b 的梯度，以找到能使 Loss 最快下降的方向。

那么对于一个函数 $f(x)$，例如 $f(x)=x^6-x+1$，应该如何求它的最小值呢？

定义该函数的代码如下：

```
import math

def f(x):
    return math.pow(x, 6) - x + 1
```

你可能会这样想，我随便取一个 $x=0$，得到 $f(0)=1$，然后向右走到一点取 $x=0.1$，看一看 $f(0.1)$ 相比 $f(0)$ 是增加还是减少，发现 $f(0.1)\approx 0.9$，说明这个方向没错，再往右走一点，$f(0.2) \approx 0.8$，使用代码重复这样的操作，代码如下：

```
x = 0
for i in range(10):
    print(f(x))
    x += 0.1
```

输出如下：

```
1.0
0.900001
0.800064
0.7007289999999999
0.604096
0.515625
0.44665600000000005
0.41764900000000005
0.4621439999999999
0.6314409999999998
```

提示：这里计算机算出的值并不正好等于我们手动计算的值，因为计算机中的浮点数是近似值。

我们发现，$f(x)$ 从 0.6 到 0.7 是减少的，从 0.7 到 0.8 是增加的，因此我们可以猜测最小值可能在 0.6 与 0.8 之间，接下来你可能会减小 x 变化的步长，重复这个试探的过程以便寻找最小值。

那么如何自动化这个试探的过程呢？或者说，怎样知道更新 x 会让 $f(x)$ 减小呢？

导数反映了函数的性质，当 $f'(x_0)$ 大于 0 时，意味着在 x_0 的附近 $\frac{\Delta y}{\Delta x} > 0$，即 $\Delta x > 0$ 时，$\Delta y > 0$，y 随着 x 的增加而增加；当 $f'(x_0)$ 小于 0 时，意味着在 x_0 的附近 $\frac{\Delta y}{\Delta x} < 0$，即 $\Delta x > 0$ 时，$\Delta y < 0$，y 随着 x 的增加而减小。我们要找函数的最小值，显然如果 y 随着 x 的增加而增加，我们就要往回走，如果 y 随着 x 的增加而减小，我们就要往这个方向走，这样更新自变量 x 的策略按照公式表述就是：

$$x' = x - \eta y'(x) \tag{4-1}$$

式中 η 为学习率，是一个确定更新步长的正标量。该过程如图 4-2 所示。

求 $f(x) = x^6 - x + 1$ 最小值的代码如下：

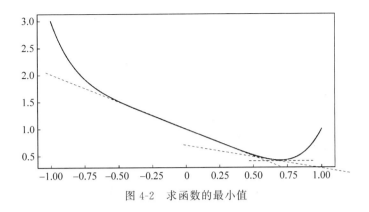

图 4-2 求函数的最小值

```
#Chapter04/04-1/1.find_function_minimization.py

import math


def f(x):
    return math.pow(x, 6) - x + 1


def df(x):
    return 6 * math.pow(x, 5) - 1

x = 0
learning_rate = 0.001

for i in range(10000):
    x = x - learning_rate * df(x)

print("The minimization of f(x) is f({}) = {}".format(x, f(x)))
```

输出为

```
The minimization of f(x) is f(0.6988271187715716) = 0.4176440676903507
```

即该函数的一个局部最小值在 $x=0.7$ 左右，与我们手动计算后的猜测一致。

注意：这种原始的算法只能求一个局部最小值，而能不能求得全局最小值与选定的初始点有关。

我们知道了通过求梯度的方式来优化模型，不过我们还需要能高效地求梯度。
神经网络有多层，我们需要更新所有层中的参数 W 和 b，这就需要知道损失函数 Loss 对每个 W 和 b 的梯度，我们将问题简化为标量（矩阵形式见本书第 9.1.3 节张量求导），写出以下公式：

第一层：
$$f_1(x) = a_1 = \sigma(\boldsymbol{W}_1 x + b_1) \tag{4-2}$$

第二层：
$$f_2(f_1(x)) = a_2 = \sigma(\boldsymbol{W}_2 x + b_2) = \sigma(\boldsymbol{W}_2(\sigma(\boldsymbol{W}_1 x + b_1)) + b_2) \tag{4-3}$$

……

第 n 层：
$$f_n(\cdots(f\_2(f\_1(x))\cdots) = a\_n = \sigma(\boldsymbol{W}\_n x + b\_n)$$
$$= \sigma(\cdots(\boldsymbol{W}\_2(\sigma(\boldsymbol{W}\_1 x + b\_1)) + b\_2\cdots)$$

如果我们按照神经网络的前后依次计算导数，则根据链式法则：

Loss 对第一个权重的偏导数为
$$\frac{\partial \text{Loss}}{\partial \boldsymbol{W}_1} = \frac{\partial \text{Loss}}{\partial f_n} * \frac{\partial f_n}{\partial f_{n-1}} * \cdots * \frac{\partial f_3}{\partial f_2} * \frac{\partial f_2}{\partial f_1} * \frac{\partial f_1}{\partial \boldsymbol{w}_1} \tag{4-4}$$

Loss 对第二个权重的偏导数为
$$\frac{\partial \text{Loss}}{\partial \boldsymbol{W}_2} = \frac{\partial \text{Loss}}{\partial f_n} * \frac{\partial f_n}{\partial f_{n-1}} * \cdots * \frac{\partial f_3}{\partial f_2} * \frac{\partial f_2}{\partial \boldsymbol{w}_2} \tag{4-5}$$

显然，这两个式子中大部分都是重复的。这说明我们计算的方式不对，正确的计算方式应该是反着神经网络计算。

从最靠近输出的最后一个权值开始计算，Loss 对最后一层权重的导数为
$$\frac{\partial \text{Loss}}{\partial \boldsymbol{W}_n} = \frac{\partial \text{Loss}}{\partial f_n} * \frac{\partial f_n}{\partial \boldsymbol{w}_n} \tag{4-6}$$

Loss 对倒数第二层的导数为
$$\frac{\partial \text{Loss}}{\partial \boldsymbol{W}_{n-1}} = \frac{\partial \text{Loss}}{\partial f_n} * \frac{\partial f_n}{\partial f_{n-1}} * \frac{\partial f_{n-1}}{\partial \boldsymbol{w}_{n-1}} \tag{4-7}$$

而 $\frac{\partial \text{Loss}}{\partial f_n}$ 之前计算过了。

一直到第一个权值：
$$\frac{\partial \text{Loss}}{\partial \boldsymbol{W}_1} = \frac{\partial \text{Loss}}{\partial f_n} * \frac{\partial f_n}{\partial f_{n-1}} * \cdots * \frac{\partial f_3}{\partial f_{f_2}} * \frac{\partial f_2}{\partial f_{f_1}} * \frac{\partial f_1}{\partial \boldsymbol{w}_1} \tag{4-8}$$

这个式子中大部分项都已经计算过了，这种思路便是反向传播算法，能高效地计算梯度。我们使用代码来说明这个算法。

（1）定义一个线性运算类，forward 运算 $f(x)$，backward 运算 $\frac{\partial f}{\partial x}$（不是第一层时，此层输入是上一层的输出，即 $x = f_{n-1}$，此式变为 $\frac{\partial f_n}{\partial f_{n-1}}$），代码如下：

```
# Chapter04/04-1/2.bp.py

class LinearLayer:
```

```python
    def __init__(self, index):
        self.index = index
        self.w = index
        self.b = 0
        self.x = 0

    def forward(self, x) -> int:
        self.x = x
        return self.w * self.x + self.b

    def backward(self, grad):
        print("w{}.grad:{}".format(self.index, grad * self.x))
        return grad * self.w
```

(2) 将这种线性运算叠 5 层,正向传播获得输出,代码如下:

```python
# Chapter04/04-1/2.bp.py

input_data = 1
models = []
for i in [1, 2, 3, 4, 5]:
    model = LinearLayer(i)
    input_data = model.forward(input_data)
    models.append(model)
grad = 1

for i in [4, 3, 2, 1, 0]:
    grad = models[i].backward(grad)
```

注意:此处叠加不含激活函数的线性层是为了手动计算验证方便。如果没有激活函数,则无论多少线性层叠加,在模拟能力上都相当于一层。

(3) 反向传播计算梯度,代码如下:

```python
for i in [4, 3, 2, 1, 0]:
    grad = models[i].backward(grad)
```

输出如下:

```
w5.grad:24
w4.grad:30
w3.grad:40
w2.grad:60
w1.grad:120
```

（4）验证结果如下：

$x_1=1, x_2=1, x_3=2, x_4=6, x_5=24, y=120;$

$w_1=1, w_2=2, w_3=3, w_4=4, w_5=5;$

$w_5.\mathrm{grad}=x_5=24, w_4.\mathrm{grad}=w_5 \cdot x_4=30, w_3.\mathrm{grad}=w_5 \cdot w_4 \cdot x_3=40, w_2.\mathrm{grad}=w_5 \cdot w_4 \cdot w_3 \cdot x_2=60, w_1.\mathrm{grad}=w_5 \cdot w_4 \cdot w_3 \cdot w_2 \cdot x_1=120。$

我们的程序确实输出了正确的梯度，而且在算式里我们看到了很多重叠的部分，如果按照 $w_5 \sim w_1$ 的计算顺序，会轻松很多。

值得一提的是，这种思路并不是深度学习领域的专属，而是一种名为动态规划的通用算法设计方法在深度学习领域的应用（我们将在第 7 章详细讨论它）。

4.2 PyTorch 基础

4.2.1 安装 PyTorch

1. 使用 pip install 直接安装

前往 PyTorch 官网 https://PyTorch.org/，单击 Get Started，选择符合自己要求的版本，复制安装命令到命令行中执行，如图 4-3 所示。

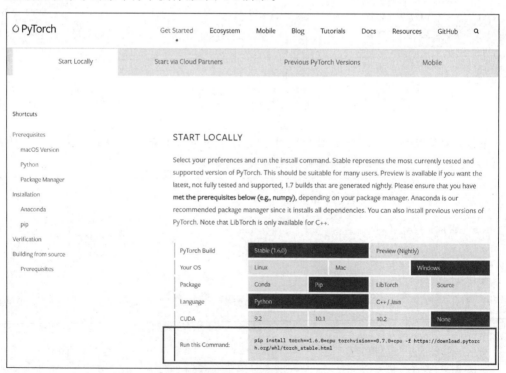

图 4-3　安装 PyTorch

注意：若此安装过程因为网络的原因出错，需要重新运行安装命令。

2．下载.whl 文件并使用 pip install 安装

若上面的安装方法失败，可以前往 https：//download.PyTorch.org/whl/torch_stable.html（安装命令中提示的那个网址），搜索需要的 PyTorch 版本，单击链接便可以下载一个.whl 文件，如图 4-4 所示。

图 4-4 .whl 文件

使用 pip install <.whl 文件路径>命令安装，如打开下载文件夹，pip install .\torch-1.7.0+cpu-cp37-cp37m-win_amd64.whl。

提示：.whl 是一个库文件夹的压缩文件。

4.2.2　导入 PyTorch 库

导入 PyTorch 的语句并不是 import PyTorch 而是 import torch，代码如下：

```
import torch
```

4.2.3　使用 PyTorch 进行矩阵运算

数据总是有组织形式的，例如一张 1080P 的彩色图片，其中的像素被组织为 1080×1920×3，哪怕是完全相同的这些数据，组织形式也会表示出不同的意义，例如我可以将其重新组织为 3240×1920×1，可以预见虽然像素的值没有变，但照片已经不是原来的照片了。数据的组织形式叫作数据的维度。

一个单独的数叫作标量，例如一个物体的质量为 2kg，标量的维度是 0 维，在 PyTorch 中声明一个标量可使用 torch.tensor()方法，代码如下：

```
import torch

x = torch.tensor(1.5,dtype = torch.float)
```

dtype 是可选参数，用以指定张量的类型，但不建议省略而让 PyTorch 自动推断，否则可能引起类型错误。例如 $x=1$，则 x 会被当成整数；而 $x=1.$，即在数字末尾加一个小数点，x 就会被当作浮点类型。

> **注意**：torch.tensor(t 小写)是一个方法，返回值是一个 Tensor(t 大写)类型。这符合 Python 命名规范，即类名单词首字母大写，如 torch.nn.CrossEntropyLoss；方法名、属性名全部小写以下画线相连，如 torch.nn.functional.cross_entropy()。

我们通常把一维的有序数组叫作向量，例如空间中一个点的坐标(x,y,z)，一维的含义是你定位其中的一个元素只需一个坐标，此例中 x 下标 0，y 下标 1，z 下标 2。

> **注意**：有时候你可能会听到三维向量这种说法，这是因为向量的维度和数据的维度含义不同。向量中含有的分量数称为该向量的维度，例如$(1,2,3,4)$是四维向量。

而二维 m 行 n 列的数组一般称作矩阵，例如一个班里 4 位同学的 7 科成绩构成一个 4 行 7 列的矩阵，如图 4-5 黑框中所示。矩阵是二维的，定位一个元素需要指定行和列两个坐标。

姓名	语文	数学	英语	物理	化学	生物	体育
张三	68	60	56	50	99	96	99
李四	60	90	65	70	50	50	60
王五	99	96	54	54	91	95	58
赵六	65	85	94	52	87	78	80

图 4-5　矩阵

当数组的维度超过 2 时，我们把它叫作张量，但其实张量的概念更宽泛，0 维、一维、二维的数组也是张量(尽管我们通常不会这么称呼)。而 PyTorch 的核心数据结构就是张量(Tensor)，提供的各种运算都是以张量为载体，不过值得注意的是，通常我们并不会使用 x=torch.Tensor()这种创建对象的方式创建张量，而是通过 torch.tensor()、torch.randn()、torch.randn()等方法按一定规则创建，这些方法的返回值就是我们需要的张量，常用的方法如下：

1. torch.randn()

该函数返回一个指定形状的按标准正态分布初始化的张量。这里的 randn 是 random(随机)和 normal(正态)的缩写。它有多个重载，常用的形式有两种：传入数字序列构成的形状，或传入以一个列表/元组表示的形状，后接其他参数。

全连接神经网络的每一层都是 $\sigma(Wx+b)$，通常我们把 W 按标准正态分布初始化，若需要 PyTorch 追踪张量的梯度，则需指定其 requires_grad 属性为 True，代码如下：

```
W = torch.randn(784,1000)
W.requires_grad = True

//等价于
W = torch.randn([784,1000], requires_grad = True)
```

2. torch.zeros

该函数返回一个指定形状的以 0 填充的张量。

全连接神经网络中的偏置 b 常被初始化为 0,代码如下:

```
b = torch.zeros(1000)
```

使用 PyTorch 提供的方法能够对张量进行运算,例如使用 torch.matmul 计算矩阵乘法,代码如下:

```
#Chapter04/04-2/1.tensor.py

import torch

a = torch.randn(3, 2)
b = torch.randn(2, 3)

print(torch.matmul(a,b))
```

则一个线性变换代码如下:

```
def linear(X):
    W = torch.randn(10, 100)
    b = torch.zeros(100)
    return torch.matmul(X, W) + b
```

你可能注意到这里的 b 和 Wx 的形状不一,这其实是"广播"的运用,也就是当两个张量后面的维度形状都相同时,例如 $[30,2,3,4,5,\cdots,n]$ 和 $[2,3,4,\cdots,n]$,缺一个维度的后者会加在另一方那个维度的所有元素上。

提示: 这里忽略了一个细节,因为矩阵乘法的性质是左边乘数的行数决定结果的行数,通常希望有多少行样本就产生多少条结果,所以在代码中将 x 放在 W 左边。

3. torch.ones

该函数返回一个指定形状的以 1 填充的张量,可用于在生成对抗网络中产生表示全部正确的人造标签,代码如下:

```
real_labels = torch.ones(100, 1)
```

4. torch.eyes

该函数返回一个指定阶数的单位矩阵,需注意,在线性代数中,起标量 1 作用的并不是全为 1 的矩阵,而是对角线为 1,其余位置为 0 的方阵,形如 $\begin{bmatrix} 1 & 0 & 0 \\ 0 & 1 & 0 \\ 0 & 0 & 1 \end{bmatrix}$。

任何可乘矩阵与单位矩阵左乘或右乘结果均是自己,代码如下:

```python
identity_matrix = torch.eye(3)
X = torch.randn(2, 3)
print(X)
print(torch.matmul(X, identity_matrix))
```

输出如下:

```
tensor([[ 1.7234,  0.3537,  1.8495],
        [ 0.5641,  1.4985, -0.9031]])
tensor([[ 1.7234,  0.3537,  1.8495],
        [ 0.5641,  1.4985, -0.9031]])
```

4.2.4 使用 PyTorch 定义神经网络模型

1. 自动微分

自动求微分是深度学习框架最基础也最必不可少的功能,当使用 PyTorch 框架提供的数据结构张量构建表达式的时候,PyTorch 能够通过运算过程得到参数的微分。不过,张量默认是不会记录于运算过程的,需要创建张量时指定 requires_grad=True。当表达式构建好后,只需使用 .backward() 方法,PyTorch 便会反向传播求梯度。

例如,对 $y = W * x + b$ 而言,$\dfrac{\mathrm{d}y}{\mathrm{d}W} = x$,$\dfrac{\mathrm{d}y}{\mathrm{d}b} = 1$,代码如下:

```python
#Chapter04/04-2/3.Autograd.py

x = torch.tensor(5.)
w = torch.tensor(2., requires_grad=True)
b = torch.tensor(3., requires_grad=True)

y = W * x + b        #y = 2 * x + 3

y.backward()

print(W.grad)        #W.grad = x = 5
print(b.grad)        #b.grad = 1
```

注意:代码中使用了 5.、2. 和 3.,而不是 5、2 和 3,这是因为加了小数点就会被当成 float 型,否则需要手动写 dtype=float(整数不可以自动微分)。

2. 线性模型

上面我们虽然构建一个 $Wx+b$ 的表达式并尝试了 PyTorch 的自动微分功能,但在实际训练中我们并不需要以这样手动声明变量的方式构建神经网络或神经网路的一层,而且直接这么做很可能并不能成功,因为 Python 有垃圾回收的机制,而神经网络中的参数若被回收,那么计算图就断了,也没办法求梯度和更新参数了。我们需要让我们构建的神经网络继承 nn.Module 类,其中的参数便不会在训练过程中被垃圾回收。

$Wx+b$ 线性模型可以通过 torch.nn.Linear(input_size,output_size)方法获得,其中的参数表示传入该层的数据维度和该层传出数据的维度,前者与前一层的输出有关,后者则需要根据数据量和任务来设计,例如输入一张 28×28 的图片拉伸为 784 维的向量,输入一个线性层,我们将输出设定为 1000 维,代码如下:

```
dummy_input = torch.randn(784)
linear_layer = torch.nn.Linear(784,1000)
output = linear_layer(dummy_input)
print(output.shape)
```

linear_layer 是一个可调用对象,我们通过 torch.nn.Linear 类的构造函数获得了它,将其像函数一样用对象名()的方式传入数据调用,也可以像使用普通的对象那样使用.操作符获得其成员,如权重 W:linear_layer.weight 和偏置 b:linear_layer.bias。

提示:在深度学习中单层的线性模型也被称为全连接层(fully connected layers,FC),与后面提出的卷积层(部分连接)相对。

3. 损失函数和优化器

最常用的损失函数有 torch.nn.MSELoss()和 torch.nn.CrossEntropyLoss()。torch.nn.MSELoss()常用于回归任务,即结果是一个值,例如预测房价;torch.nn.CrossEntropyLoss()常用于分类任务,即结果是一个类别,如猫狗分类器。它们都是可调用对象,使用时传入模型预测值 y_predict 和正确答案 y_label 便可得到损失值。该损失值是一个标量,且可以通过.item()方法将这个 PyTorch 数据类型转换为 float 以便打印或绘制变化曲线,代码如下:

```
y_predict = torch.tensor(0.3)
y_label = torch.tensor(1.)

criterion = torch.nn.MSELoss()
loss = criterion(y_predict,y_label)
print(loss.item())
```

神经网络的优化过程是梯度下降,PyTorch 的优化器可以通过.step()的方式对网络中的每个参数统一进行 $W'=W-\eta\dfrac{\mathrm{d}Loss}{\mathrm{d}W}$。此外,还有两个作用。

1) 自动调节学习率

神经网络的训练中 η 决定更新的幅度,η 太小会导致训练速度缓慢,η 太大可能导致模型在最低点附近左右横跳不能收敛,因此 η 不应该是一个定值,在训练的前期 η 取值大可加快训练速度,然后随着迭代次数增加减小 η。

2) 尽量避免模型停在局部最低点

神经网络训练是梯度下降,如果到达了局部最低点,梯度为 0 模型不再更新,但并未到达全局最低点。为了尽量避免这个问题,人们让参数更新有了"惯性",即便梯度为 0 也会继续往前"划一段",看看前方是不是平坦一会后继续下降。

常用的优化器为自适应学习率优化器 torch.optim.Adam 和随机梯度优化器 torch.optim.SGD,初始化时需要传入要求更新的模型参数和学习率,Adam 的学习率通常大些,例如为 0.001,SGD 则选 0.0001 或者更小。需要注意的是优化器调用.step 前应该调用 optimizer.zero_grad() 清空上一轮的梯度,调用 loss.backward() 计算梯度,再调用 optimizer.step() 优化参数,代码如下:

```python
# Chapter04/04 - 2/3.LossAndOptimizer.py

import torch
import matplotlib.pyplot as plt

# 准备数据
x_data = torch.tensor(
    [[131.0], [132.38], [198.0], [134.0], [81.0], [53.0], [73.0], [161.55], [48.0], [68.0],
     [266.0], [48.0], [238.0],
        [97.7], [80.13], [59.4], [178.96], [64.28], [111.3], [52.0], [308.41], [60.69], [59.65],
     [210.67], [218.35],
        [58.49], [53.0], [52.0], [205.0], [159.99]], dtype=torch.float32)

y_label = torch.tensor(
    [[415.0], [575.0], [1030.0], [297.5], [392.0], [275.6], [275.0], [800.0], [134.0],
     [380.0], [840.0], [126.0],
        [948.0], [896.0], [285.0], [360.0], [700.0], [212.0], [336.0], [174.6], [1950.0],
     [176.0], [520.0], [1580.0],
        [1150.0], [213.0], [160.0], [210.0], [1750.0], [630.0]], dtype=torch.float32)

# 定义线性模型 v
linear_model = torch.nn.Linear(1, 1)

# 定义损失函数
criterion = torch.nn.MSELoss()

# 定义优化器,指定优化器优化的参数和学习率
optimizer = torch.optim.Adam(linear_model.parameters(), lr = 0.1)

# 遍历数据进行训练

for epoch in range(50):
    y_predict = linear_model(x_data)
    loss = criterion(y_predict, y_label)
```

```python
        optimizer.zero_grad()
        loss.backward()
        optimizer.step()

print(linear_model.weight)
print(linear_model.bias)

# 不能对需要计算梯度的张量调用.numpy(),将其直接转换为 ndarray 数组用于绘制图像(因为它们
# 的任何操作都要记录在计算图中以便反向传播),而是需要先调用 detach()将其从计算图中分离
predicted = linear_model(x_data).detach().numpy()

plt.plot(x_data, y_label, 'ro', label = 'Data')
plt.plot(x_data, predicted, label = 'Linear Model Predict')

# 绘制图例
plt.legend()

plt.show()
```

4. 超参数

超参数是 Hyper Parameter 的直译,取这个比较奇怪的名字是要与模型的需要训练的参数区别开,传统上这些超参数(例如学习率、网络各个层的维度、训练次数)是根据网络设计者的经验而定的,并且在网络实际训练一段时间后根据实际情况调整,例如增加训练次数、提高或减小学习率,与神经网络的参数并不是一个概念。超参数的改变影响网络中的参数。

在之前我们在代码里用到超参数的地方直接写了对应的值,例如 lr=0.1,这种方式被批评为"魔数",在开发大型软件的时候是比较忌讳的,虽然方便但可能会引起许多问题。规范的做法是在程序的开头或者配置文件中统一指定这些参数,代码如下:

```python
# Chapter04/04 - 2/4.LossAndOptimizer_v2.py

import torch
import matplotlib.pyplot as plt

# 设定超参数
input_size = 1
output_size = 1
num_epochs = 60
learning_rate = 0.001

# 准备数据
x_data = torch.tensor(
```

```python
        [[131.0], [132.38], [198.0], [134.0], [81.0], [53.0], [73.0], [161.55], [48.0], [68.0],
        [266.0], [48.0], [238.0],
         [97.7], [80.13], [59.4], [178.96], [64.28], [111.3], [52.0], [308.41], [60.69], [59.65],
        [210.67], [218.35],
         [58.49], [53.0], [52.0], [205.0], [159.99]], dtype=torch.float32)

y_label = torch.tensor(
        [[415.0], [575.0], [1030.0], [297.5], [392.0], [275.6], [275.0], [800.0], [134.0],
        [380.0], [840.0], [126.0],
         [948.0], [896.0], [285.0], [360.0], [700.0], [212.0], [336.0], [174.6], [1950.0],
        [176.0], [520.0], [1580.0],
         [1150.0], [213.0], [160.0], [210.0], [1750.0], [630.0]], dtype=torch.float32)

# 定义线性模型 v
linear_model = torch.nn.Linear(input_size, output_size)

# 定义损失函数
criterion = torch.nn.MSELoss()

# 定义优化器,指定优化器优化的参数和学习率
optimizer = torch.optim.Adam(linear_model.parameters(), lr=learning_rate)

# 遍历数据进行训练

for epoch in range(num_epochs):
    y_predict = linear_model(x_data)
    loss = criterion(y_predict, y_label)

    optimizer.zero_grad()
    loss.backward()
    optimizer.step()

print(linear_model.weight)
print(linear_model.bias)

# 不能对需要计算梯度的张量调用.numpy(),将其直接转换为ndarray数组用于绘制图像,而是需
# 要先调用detach()
predicted = linear_model(x_data).detach().numpy()

plt.plot(x_data, y_label, 'ro', label='Data')
plt.plot(x_data, predicted, label='Linear Model Predict')

# 绘制图例
plt.legend()

plt.show()
```

5. 构建全连接神经网络

在 PyTorch 中构建神经网络需要自定义类继承 torch.nn.Module 类并重写 forward() 方法。

torch.nn.Module 是 torch.nn.Linear、torch.nn.ReLU 等运算或者神经网络层的类的父类,它重写了 __call__() 方法并在其中调用 forward() 方法,因此子类的对象都是可执行对象,当使用()调用时,其中的参数会被传入子类的 forward() 方法中。一个简单网络的代码如下:

6min

2min

5min

5min

```python
#Chapter04/04-2/5.model.py

import torch

#定义网络结构,在__init__()方法中定义需要使用的层,在forward()方法中计算网络输出值
class NeuralNetwork(torch.nn.Module):
    def __init__(self):
        super().__init__()
        self.linear_layer1 = torch.nn.Linear(1, 1)
        self.active_function1 = torch.nn.ReLU()

    def forward(self, x):
        x = self.linear_layer1(x)
        x = self.active_function1(x)
        return x

#实例化网络(可调用对象)
model = NeuralNetwork()

test_data = torch.randn(1)

#调用可调用对象
output = model(test_data)
print(output)
```

注意:在 PyTorch 中神经网络的一层(现在介绍的线性层,后面介绍的卷积层)与激活函数(如 ReLU、Tanh)是一种东西,都是继承 torch.nn.Module 并重写了 forward 方法的类,它们的使用方法都是作为可调用对象传入数据并返回结果。

TorchVision 是 PyTorch 官方提供的一个用于计算机视觉任务的库,提供了一些经典网络的实现和公开数据集。它通常伴随着 PyTorch 自动安装,如果没有被安装可通过 pip install torchvision 安装。

torchvision.datasets 下是一些公开数据集,如 MNIST 和 CIFAR10。torchvision.models 下是一些经典网络的实现,如 resnet18 和 inception。torchvision.transforms 下是

一些常见的图片处理可调用对象，如 ToTensor 可将图片从数组转换为 PyTorch 的张量，Resize 可对图片进行缩放，RandomCrop 可进行随机剪切。

MNIST 是一个著名的手写数据数据集，通过 torchvision.datasets.MNIST() 可以获得，其可被视作一个列表，列表中的每个元素是 (images, labels) 元组，代码如下：

```
# 从 TorchVision 下载 MNIST 数据集
train_dataset = torchvision.datasets.MNIST(root = "./data")
sample = train_dataset[0]
print(sample)
```

输出如下：(<PIL.Image.Image image mode=L size=28x28 at 0x1FF5E78C548>, 5)，sample[0] 是一张图片，sample[1] 是标签，说明这个样本是手写数字 5。使用 Matplotlib 可以绘制出来，代码如下：

```
train_dataset = torchvision.datasets.MNIST(root = "./data")
sample = train_dataset[0]
plt.imshow(sample[0])
plt.show()
```

绘制结果是一张手写数字 5，如图 4-6 所示。

图片需要转换为张量才能输入网络，此外 PyTorch 要求图片张量维度为 [channel, height, width]，与普通图片的维度 [height, width, channel] 并不相同，需要转换。

图 4-6　手写数字 5

提示：通常图片的维度是 [高, 宽, 通道]，例如 [1080, 1920, 3]，但 PyTorch 出于加速运算的需要，规定图片的维度为 [通道, 高, 宽]，例如 [3, 1080, 1920]。即原来我们认为一张图片有 1080 行 1920 列像素，每个像素有 RGB 3 个值，而现在我们认为图片有 RGB 3 层，每一层都有 1080 行 1920 列个值，这个转换的过程不能简单地 resize，而需要重排元素。

听上去有些复杂，但在 PyTorch 中只需使用 torchvision.transforms.ToTensor 的可调用对象就可以完成，代码如下：

```
train_dataset = torchvision.datasets.MNIST(root = "./data")
sample = train_dataset[0]
ToTensor = torchvision.transforms.ToTensor()
tensor = ToTensor(sample[0])
print(tensor)
```

转换的过程可以在获得 MNIST 数据集时的参数 transform 中指定，因此加载 MNIST 数据集的代码如下：

```
train_dataset = torchvision.datasets.MNIST(root = './data',      #MNIST 数据集本地存放路径
                                           train = True,          #训练集
                                           transform = torchvision.transforms.ToTensor(),
                                                                  #将图片转换为张量
                                           download = True)       #若本地没有则下载

test_dataset = torchvision.datasets.MNIST(root = './data',       #MNIST 数据集本地存放路径
                                          train = False,          #测试集
                                          transform = torchvision.transforms.ToTensor())
                                                                  #将图片转换为张量
```

直接遍历 train_dataset 并传入神经网络进行训练是可以的，但这并不是一个好主意，我们搜集的数据集通常是整齐的，例如 MNIST 中手写数字 1 放在一起，手写数字 2 放在一起，若模型直接训练，那么它会连看上千张 1，再看上千张 2，再也看不到 1，显然这对训练不利，我们应该将数据打乱再训练。另外计算机的内存和显卡的显存是有限的，若训练集非常大，则只能分批次传入。不过 PyTorch 提供了 torch.utils.data.DataLoader，帮我们简化这一过程，代码如下：

```
train_loader = torch.utils.data.DataLoader(dataset = train_dataset,    #数据集
                                           batch_size = batch_size,    #一个批次大小
                                           shuffle = True)             #是否打乱

test_loader = torch.utils.data.DataLoader(dataset = test_dataset,
                                          batch_size = batch_size,
                                          shuffle = False)
```

DataLoader 是可迭代对象，遍历它便可以按照我们创建 DataLoader 时的设置获得数据，代码如下：

```
for images, labels in enumerate(train_loader):
    images = images.reshape(-1, 28 * 28)
    labels = labels

    outputs = model(images)
    loss = criterion(outputs, labels)
```

我们之前提到，对于分类任务通常使用交叉熵损失函数，这是一个来自信息论的公式，衡量两个分布之间的差异程度，公式如下：

$$H(p,q) = \sum_{x_i} p(x_i) * \log\left(\frac{1}{q(x_i)}\right) = -\sum_{x_i} p(x_i) * \log(q(x_i)) \tag{4-9}$$

神经网络中的交叉熵是比较特别的。设 $p(x)$ 为 y_{label}，$q(x)$ 为 y_{predict}，因为 y_{label} 只有一个且为 1，其余都为 0，因此这个乘积的求和只有一项有效，代码如下：

```python
import math

def cross_entropy(y_predict: list, y_label: int) -> float:
    return - math.log(y_predict[y_label])
```

在 PyTorch 中通过 torch.nn.CrossEntropyLoss() 即可获得一个可调用对象,传入模型的预测值 y_predict 和真实值 y_label 即可获得两者的交叉熵。

注意:PyTorch 中的交叉熵与 TensorFlow 中的交叉熵不同,标签不需要转换为 One-Hot 编码。

上面介绍了我们将会用到的 API,现在来设计一个 3 层的神经网络:一个输入层,一个输出层,两者中间的是隐藏层(这 3 个称呼只是习惯,并不是说哪里特殊,都只是普通的全连接层)。我们将会使用 MNIST 手写数字数据集,MNIST 数据集中的每一张图片都是 28×28 的,我们将其拉成 784 维的向量后输入神经网络,因此神经网络的第 1 层是 784 维。第二层的维度则根据经验,但通常神经网络是两边细中间粗,所以我们设置第 2 层是 1000 维。第 3 层是输出层,你可能会想第 3 层应该是 1 个数字,表示网络识别图片中的数字,0~9,但通常不会这么做,因为 0~9 并没有高低贵贱之分,只是类别不同,但数字是有大小之分的,因此我们输出一个 10 维的向量,每一维上的数字表示模型认为是这个类别的可能性(置信度),例如 [0,1,0,0,0,0,0,0,0,0] 表示模型认为这个数字是 1,[0,0,0,0,0,0,0,0,0,1] 表示模型认为这个数字是 9。这种使用位置表示类别的方法被称为 One-Hot 编码。此模型代码如下:

```python
# Chapter04/04 - 2/6.MNIST.py
class NeuralNet(torch.nn.Module):
    def __init__(self):
        super(NeuralNet, self).__init__()
        self.linear_layer1 = nn.Linear(784,1000)
        self.ReLU_active_function = nn.ReLU()
        self.linear_layer2 = nn.Linear(1000, 10)

    def forward(self, x):
        x = self.linear_layer1(x)
        x = self.ReLU_active_function(x)
        x = self.linear_layer2(x)
        return x
```

注意:这里只用了两个 Linear 层,但在介绍中却说有 3 个层,这种说法与神经网络数学上的另一种画法有关,784 维为 1 层,1000 维为 1 层,10 维为 1 层。

分析数据的维度变化：假设 batch_size 为 100，则输入为[100,784]，经过第一个线性层与一个[784,1000]的权重矩阵相乘变为[100,1000]，经过第二个线性层与一个[1000,10]的权重矩阵相乘变为[100,10]，即 100 张图片。

使用 PyTorch 进行 MNIST 数据集分类任务，代码如下：

```
#Chapter04/04-2/6.MNIST.py

import torch
import torchvision

#设置超参数
input_size = 784
hidden_size = 1000
num_classes = 10
num_epochs = 5
batch_size = 100
learning_rate = 0.001

#从 TorchVision 下载 MNIST 数据集
train_dataset = torchvision.datasets.MNIST(root = './data',
                                           train = True,
                                           transform = torchvision.transforms.ToTensor(),
                                           download = True)

test_dataset = torchvision.datasets.MNIST(root = './data',
                                          train = False,
                                          transform = torchvision.transforms.ToTensor())

#使用 PyTorch 提供的 DataLoader，以分批乱序的方式加载数据
train_loader = torch.utils.data.DataLoader(dataset = train_dataset,
                                           batch_size = batch_size,
                                           shuffle = True)

test_loader = torch.utils.data.DataLoader(dataset = test_dataset,
                                          batch_size = batch_size,
                                          shuffle = False)

#构建全连接神经网络
class NeuralNetwork(torch.nn.Module):
    def __init__(self, input_size, hidden_size, num_classes):
        super(NeuralNetwork, self).__init__()
        self.fc1 = torch.nn.Linear(input_size, hidden_size)
        self.relu = torch.nn.ReLU()
        self.fc2 = torch.nn.Linear(hidden_size, num_classes)
```

```python
def forward(self, x):
    x = self.fc1(x)
    x = self.relu(x)
    x = self.fc2(x)
    return x

#实例化模型(可调用对象)
model = NeuralNetwork(input_size, hidden_size, num_classes)

#设置损失函数和优化器
criterion = torch.nn.CrossEntropyLoss()
optimizer = torch.optim.Adam(model.parameters(), lr = learning_rate)

#训练模型
for epoch in range(num_epochs):
    for images, labels in train_loader:
        
        #将图片从28×28的矩阵拉成784的向量
        images = images.reshape(-1, 28 * 28)
        
        #前向传播获得模型的预测值
        outputs = model(images)
        loss = criterion(outputs, labels)
        
        #反向传播算出Loss对各参数的梯度
        optimizer.zero_grad()
        loss.backward()
        
        #更新参数
        optimizer.step()
```

训练过后还需要对结果进行验证,看正确率有多高。因为模型的输出是10维的One-Hot编码,每个维度上的数字表示模型认为是该数字的信心,因此取数字最大的那个维度当作结果。为此我们需要torch.max(tensor,axis)函数,该函数第一个参数是需要求最大值的张量,第二个参数是进行求最大值的维度,若训练集一个批次是100,那么结果是[100,10]的张量,也就是100个10维向量,在每个10维向量上取最大值的位置就是模型的预测值,其需要在第2个维度(下标为1)求最大值,代码如下:

```python
outputs = model(images)
_, predicted = torch.max(outputs, 1)
```

注意:①这里需要的是最大值所在的位置而不是最大值本身,而torch.max的返回值第一个是最大值,这里使用_无意义变量名接收,而第二个返回值就是最大值所在位置,使用predicted接收。②在某维度求最大值、和、平均值等有一个小技巧,即在某个维度求统计值,那个维度就会消失,例如[100,50]若在 0 维求最大值,则结果的形状为[50],若在 1 维求最大值,则结果的形状为[100]。

为了统计与答案的相符程度,我们需要使用布尔张量,predicted == labels 会比较每个元素并返回一个布尔张量,其中相同的那些元素的位置是 1,否则是 0,通过 torch.sum()可以统计 1 的数量。因此测试模型的代码如下:

```
# Chapter04/04-2/6.MNIST.py

correct = 0
total = 0
for images, labels in test_loader:
    images = images.reshape(-1, 28 * 28)
    outputs = model(images)
    _, predicted = torch.max(outputs, 1)
    total += labels.size(0)
    correct += (predicted == labels).sum().item()

print('Accuracy on test_set: {} %'.format(100 * correct / total))
```

提示:这里的 outputs 是网络的输出,它并不是 Tensor 而是包装了 Tensor 的 Parameter,在一些版本 torch.max(outputs)可能会报错,需要使用.data 取出 Parameter 中的 Tensor,即改为 torch.max(outputs.data)。

4.3 神经网络的调优

神经网络真的能模拟任何连续函数吗?理论上是的,但现实不是,因为现实中算力(时间)和数据是有限的。

也就是说,并不是有数据和标签就能用神经网络找出关系,神经网络也需要因地制宜,总的来说有以下几个原则。

4.3.1 数据与模型的规模匹配

当数据过少,而采用非常巨大的模型时,可能会出现过拟合的情况,即模型直接记住了训练集,导致其在训练集上成绩优异而在生产环境表现非常糟糕。当数据过多、特征非常复杂而采用小规模的模型时,可能会出现欠拟合的情况,即模型在训练集上就表现糟糕。

我们使用 MNIST 数据集举例,使用 3.2.5 节中的那部分代码,主体不变,仅改变训练集,将 MNIST 数据集对象转换为列表,使用列表的切片操作取前 100 个元素,让网络训练,最后打印网络在训练集和测试集上的表现,代码如下:

```python
#Chapter04/04-5/1.over_fitting.py

import torch
import torchvision

...
train_dataset = torchvision.datasets.MNIST(root = './data',
                                           train = True,
                                           transform = torchvision.transforms.ToTensor(),
                                           download = True)
train_dataset = list(train_dataset)[:100]

...
#训练模型
for epoch in range(num_epochs):
    for images, labels in train_loader:
        images = images.reshape(-1, 28 * 28)
        outputs = model(images)
        loss = criterion(outputs, labels)
        optimizer.zero_grad()
        loss.backward()
        optimizer.step()

correct = 0
total = 0
for images, labels in train_loader:
    images = images.reshape(-1, 28 * 28)
    outputs = model(images)
    _, predicted = torch.max(outputs, 1)
    total += labels.size(0)
    correct += (predicted == labels).sum().item()

print('Accuracy on train_set: {} %'.format(100 * correct / total))

correct = 0
total = 0
for images, labels in test_loader:
    images = images.reshape(-1, 28 * 28)
    outputs = model(images)
    _, predicted = torch.max(outputs, 1)
    total += labels.size(0)
    correct += (predicted == labels).sum().item()

print('Accuracy on test_set: {} %'.format(100 * correct / total))
```

输出如下：

```
Accuracy on train_set: 100.0 %
Accuracy on test_set: 67.49 %
```

这就是需要注意的问题：过拟合。欠拟合因为在训练集上就表现很差，所以很容易被发现，过拟合则是"模型学得很好"的一种假象。PyTorch提供了许多网络的实现，往往都是十几层、几十层的参数较多的网络，直接使用就需要准备较大的数据集或者使用迁移学习，否则就很可能过拟合。

4.3.2　特征缩放

通常表示像素时使用0~255的数字，但在深度学习领域常常将其归到0~1或-1~1附近，这样做能显著提高模型的收敛速度。

1. 归一化

$$x' = \frac{x - \min(x)}{\max(x) - \min(x)} \tag{4-10}$$

代码如下：

```
#Chapter04/04-5/2.feature_scaling.py

def rescaling(x):
    max_value = x[0]
    min_value = x[0]
    for value in x:
        if value > max_value:
            max_value = value
        if value < min_value:
            min_value = value
    for i in range(len(x)):
        x[i] = (x[i] - min_value) / (max_value - min_value)
    return x
```

2. 标准化

$$x' = \frac{x - \bar{x}}{\sigma} \tag{4-11}$$

其中 $\bar{x}$ 为平均值（也可写作 μ），σ 为标准差。

代码如下：

```
def standardization(x):
    x_mean = x.mean()
    x_std = x.std()
    
    x = (x - x_mean)/x_std
    return x
```

其中计算平均值 μ 和 σ 公式如下：

$$\mu = \frac{x_1 + x_2 + \cdots + x_n}{n} \tag{4-12}$$

$$\sigma = \frac{\sqrt{(x_1-\mu)^2 + (x_2-\mu)^2 + \cdots (x_n-\mu)^2}}{n-1} \tag{4-13}$$

注意：这里 σ 表达式中除数为 n 和 $n-1$ 均正确，但后者为无偏估计。NumPy 默认为前者，PyTorch 则默认为后者。

代码如下：

```
def mean(x):
    return x.sum() / len(x)

def std(x):
    return ((abs(x - mean(x)) ** 2).sum() / (len(x) - 1)) ** 0.5
```

值得注意的是，经过特征缩放之后，要记录进行的缩放，因为当模型训练完成，进行测试的时候，可能只有一个样本进入网络，单个样本的均值方差是没有意义的，应该使用训练集中的均值和方差对其进行缩放。

不过在 PyTorch 中，在神经网络中插入一个 BatchNorm1d（对图片则是 BatchNorm2d）便可以完成标准化，标准化的均值和方差由这个层记录，评估模型时调用 model.eval() 固定 BatchNorm 层的参数，代码如下：

```
x_data = torch.randn(100,3)

norm_layer = torch.nn.BatchNorm1d(3)
print(norm_layer(x))
```

此层不会改变输入向量的形状，所以在神经网络中插入此层不会改变神经网络的结构。

4.3.3 数据集

在上面的例子中，我们让神经网络看一张图片并输出一个值表明它认为图片中的物体是什么，如果我们更进一步，需要标明图片中的物体的坐标，则需要增加输出的值，即形式从一维的[ClassIndex]（One-Hot），变成五维的[ClassIndex, x, y, height, width]，然后同样采用梯度下降的方式进行训练，这样模型便能够学会看一张图片后输出图片中的物体是什么及它的坐标和长与宽。

需要注意的是，表面上我们只是改变了网络的输出层的形状就得到了我们想要的效果，实际上并非如此，关键在于我们是否有对应的数据集，即要模型学会找物体的位置，那么我们的数据中那些图片就要人工标注物体的种类及物体的位置。

第5章 卷积神经网络

卷积神经网络能够大大减少网络的参数量，在计算机视觉任务中表现优异。

5.1 卷积

5.1.1 矩阵的内积

我们之前一直在使用矩阵的乘法，因为输入数据的值和它们对结果的影响程度并不是同一个东西，所以数据横着写，权重竖着写。

4min

那么有没有等价的情况呢？有，两张图片之间可以进行内积运算，即相应元素相乘再相加，这个积被称为内积，可以衡量两张图片的相似程度，如图5-1所示。

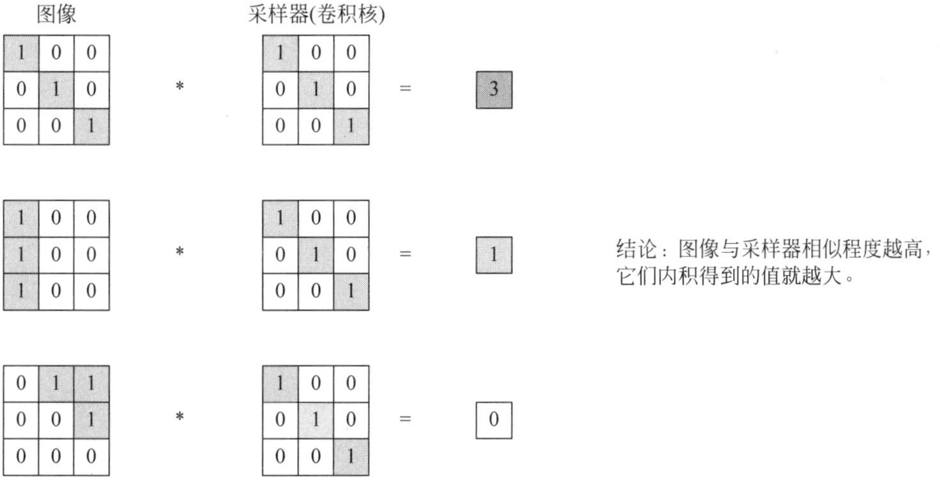
图像
采样器(卷积核)
结论：图像与采样器相似程度越高，
它们内积得到的值就越大。

图5-1 内积

我们在这里获得了一种寻找图片上特征的方式——让采样器与其进行内积计算。通常采样器是3×3或5×5的，而图片可以很大，例如1080×1920，如果采样器在图像上每个位置采样一次，便可以知道图像上的那个位置是否有与采样器一致的像素，如图5-2所示。例如图片是一张猫或狗的图片,采样器是猫的胡子,显然在猫的图片上能在胡子的位置输出一个较大的值表示找到了,并提高模型认为图片是猫的概率,而狗图片上却找不到猫的胡子,各个位置输出的值都很小。

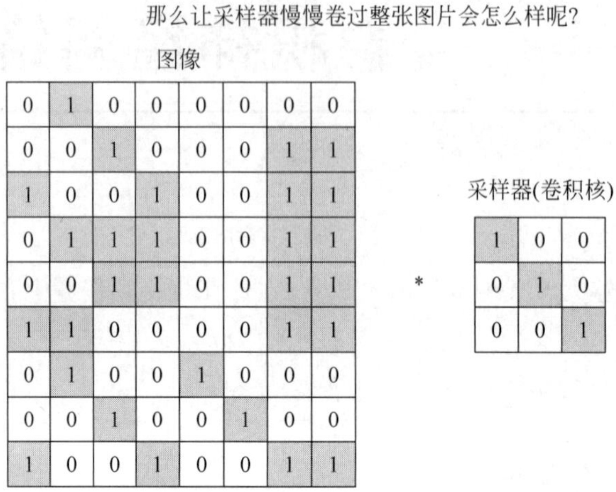

那么让采样器慢慢卷过整张图片会怎么样呢?

图像

采样器(卷积核)

图 5-2　卷积

这种运算被称为卷积,它来自生物学的启发,当动物看不同物体的时候,大脑激活的区域不同,对应到神经网络中,就是有许多不同的采样器,负责寻找图像上不同形状的物体。

尽管 3×3 或 5×5 的采样器看起来太小,没什么用,但神经网络是可以叠加多层的,当多个卷积层叠加时,底层的卷积层抽取局部、简单的特征,例如直线、曲线、折线;中层的卷积层抽取稍复杂的特征,例如人的脸、汽车的轮胎;高层的卷积层抽取整体、复杂的特征,例如人、车和狗。

5.1.2　卷积的代码实现

1. 向量内积

为了简明,我们不使用 Tensor,只使用 Python 提供的列表。

```
# Chapter05/05-1/1.conv.py

def dot(x: list, y: list) -> float:
    result = 0
    for i in range(len(x)):
        result += x[i] * y[i]
    return result
```

测试代码如下:

```
if __name__ == '__main__':
    x = [1, 2, 3, 4, 5]
```

```
y = [2, 3, 4, 5, 6]

print(dot(x, y))
```

输出如下:

```
70
```

2. 向量卷积

卷积结果的某一维度的大小按以下公式计算

$$\text{ConvResultSize} = \frac{\text{SrcSize} - \text{KernelSize} + 2 * \text{Padding}}{\text{Stride}} + 1 \quad (5\text{-}1)$$

其中 ConvResultSize 为卷积结果的尺寸，SrcSize 为输入尺寸，KernelSize 为卷积核尺寸，Padding 为填充数，Stride 为步长。

设置两层循环，外层循环控制卷积核位置，内层循环计算卷积结果，不考虑填充数，代码如下:

```
#Chapter05/05-1/1.conv.py

def conv1d_without_padding (x, y, stride = 1, padding = 0):
    src_size = len(x)
    Kernel_size = len(y)

    result_size = int((src_size - Kernel_size + 2 * padding) / stride + 1)
    result = []

    for i in range(result_size, stride):
        sum = 0
        for j in range(Kernel_size):
            sum += x[i + j] * y[j]
        result.append(sum)

    return result
```

当需要填充时，并不需要真的在输入列表里加 0，因为 0 乘任何数的结果都为 0，所以需要修改卷积的范围，对于范围外的取值忽略，同时外层循环从 −padding 开始，结束位置为 result_size−padding，保持结果为 result_size 个，代码如下:

```
#Chapter05/05-1/1.conv.py

def conv1d(x, y, stride = 1, padding = 0):
    src_size = len(x)
    Kernel_size = len(y)
```

```
result_size = int((src_size - Kernel_size + 2 * padding) / stride + 1)
result = []

for i in range( - padding, result_size - padding, stride):
    sum = 0
    for j in range(Kernel_size):
        if i + j < 0 or i + j >= src_size:
            continue
        sum += x[i + j] * y[j]
    result.append(sum)

return result
```

3. 矩阵卷积

需要设置 4 层循环，外面两层控制卷积核位置，里面两层进行卷积运算，代码如下：

```
#Chapter05/05 - 1/1.conv.py

def conv2d_primitive(x, y, stride = 1, padding = 0):
    src_height = len(x)
    src_width = len(x[0])

    Kernel_height = len(y)
    Kernel_width = len(y[0])

    result_height = int((src_height - Kernel_height + 2 * padding) / stride + 1)
    result_width = int((src_width - Kernel_width + 2 * padding) / stride + 1)

    result = []

    for i in range( - padding, result_height - padding, stride):
        line = []
        for j in range( - padding, result_width - padding, stride):
            sum = 0
            for k in range(Kernel_height):
                for l in range(Kernel_width):
                    if i + k < 0 or i + k > src_height or j + l < 0 or j + l > src_height:
                        return
                    sum += x[i + k][j + l] * y[k][l]
            line.append(sum)
        result.append(line)
return result
```

4. 二维卷积

也就是 torch.nn.Conv2d，实际上这个 2d 指的是卷积核的移动是二维的，但输入和输出的数据、卷积核通常都是三维的,且输入数据的第 3 个维度与卷积核的第 3 个维度长度必须相同。其控制遍历和运算的 4 层循环与矩阵卷积一致,在原图像上从左到右,从上到下进行遍历,区别是图片的第 3 个维度,这个维度不参与位置控制,只是单纯地对对应位置累加。例如,对黑白图片,其形状为[28,28,1],则在[0,0]位置卷积时,其第 3 个维度所对应的那个数相加,此情况与矩阵卷积类似。对彩色图片,其形状为[224,224,3],则在[0,0]位置卷积时,其第 3 个维度有 3 个数,分别为红、绿、蓝,与卷积核第 3 个维度的 3 个数对应相乘得到 3 个数,这 3 个数再相加得到结果[0,0]上的数。

我们以形状[3,3,3]的输入为例,要进行二维卷积,卷积核必须为[x,x,3],代码如下:

```
x = torch.randn(3,3,3)
Kernel = torch.randn(3,3,3)

result[0][0] = (x * Kernel).sum()
```

也就是说不论 x 和 Kernel 的形状如何,卷积结果都是一个平面,但当卷积核有多个时,我们就会将这个平面在第 3 个维度堆起来,变成一个立方体,代码如下:

```
x = torch.randn(3,3,3)

Kernel_1 = torch.randn(3,3,3)
Kernel_2 = torch.randn(3,3,3)

result[0][0][0] = (x * Kernel_1).sum()
result[0][0][1] = (x * Kernel_2).sum()
```

不过,维度只是数据的组织方式,在第 3 个维度叠卷积结果并不是绝对的(但是是较直观的),例如 PyTorch 就不是如此,它将通道放在第 1 个维度,图片组织为形如[3,224,224],将卷积结果组织为形如[16,224,244],为了将通常的图片转换为 PyTorch 要求的图片,可以使用 torchvision.transforms.ToTensor(),这是一个可调用对象,代码如下:

```
image = np.random.randn(224,224,3)
to_tensor = torchvision.transforms.ToTensor()
image_PyTorch = to_tensor(image)
image_PyTorch.shape
```

输出如下:

```
torch.Size([3, 224, 224])
```

其示意源码如下:

```
class ToTensor:
    def __call__(self, *args, **kwargs):
```

```
            image = args[0]
            image = image / 255
            image = image.transpose(2, 0, 1)
            return image
```

5.2 卷积神经网络介绍

卷积神经网络的基本结构与普通的神经网络并无区别,都是千层饼,但在经典卷积神经网络中往往最后一层输出层才是全连接层,其他每层都是卷积+池化的组合。

5.2.1 卷积层

卷积层顾名思义就是对输入进行卷积运算的层,在 PyTorch 中卷积层 Conv2d 在实例化为可调用对象时,需要传入的参数为输入通道、输出通道(采样器的个数)和采样器的大小,以及采样器移动的步长,代码如下:

```
import torch

conv_layer1 = torch.nn.Conv2d(in_channels = 1, out_channels = 16, Kernel_size = 3, stride = 1, padding = 1)
dummy_image = torch.randn(1,1,28,28)
conv_layer1(dummy_image)
```

输入通道 in_channels 是指输入张量第 3 个轴,例如一张 1080P 彩色图片转换为张量后为[1080,1920,3]则其为 3 通道(每个像素都有红、黄、蓝 3 个值),黑白图片则只有 1 通道。

输出通道 out_channels 与采样器的数量相同,因为每个采样器都会对图片的每个位置进行卷积,生成一份卷积的结果,如图 5-3 所示。

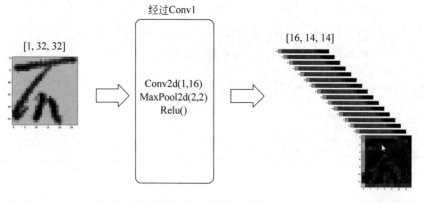

图 5-3 卷积的结果

卷积核大小 Kernel_size 常用的有 3、5 和 7。

步长 stride 是指卷积核每次移动的格数,通常为 1,即逐位置卷积。

填充 padding 是在原图片周围补 0 的圈数,否则卷积过后图片的大小会发生变化。填充数按照公式(4-1)变形的 $[(W-1)*S+F-W]/2$ 得到,W 是图片的宽或高,S 是步长,F 是卷积核大小。当步长为 1 时,当卷积核大小为 3 且步长为 1 时,填充为 1;当卷积核大小为 5,步长为 1 时,填充为 2……以此类推,卷积核为 $2n+1$ 时,填充为 n。

注意:PyTorch 规定输入卷积层的张量至少为 4 维:[batch_size, channel, image_height, image_width],第一个维度为一个批次中图片的数量,哪怕一个批次只有一张图片也要有这个维度。

5.2.2 池化层

池化层是 Pooling Layer 的直译,它的另一个名字"下采样层"更易理解。它是为了减小运算量而设计的一种层。最常用的池化层为最大池化层,图像经过卷积层后获得卷积结果,每 4 个卷积结果取一个最大值,代表那一小块的信息,如图 5-4 所示。

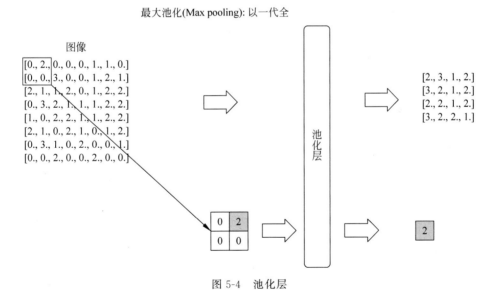

图 5-4 池化层

平均池化也会被使用,即取 4 个值的平均值代表那一小块的卷积结果。

提示:此种池化层中没有可训练的参数。

在 PyTorch 中池化层同样是一个继承自 torch.nn.Module 的可调用对象,代码如下:

```python
import torch

maxpooling_layer1 = torch.nn.MaxPool2d(Kernel_size = 2, stride = 2)
dummy_image = torch.randn(1, 28, 28)
output = maxpooling_layer1(dummy_image)
```

注意：PyTorch 的池化层是有偏置的。

5.2.3 在 PyTorch 中构建卷积神经网络

卷积神经网络与前面介绍的全连接神经网络相比除了将全连接层换成卷积层之外，对输入数据的维度要求也不同。全连接层是简单的矩阵运算，因此要求数据形状为[batch_size, input_size]。2D 卷积层要求图片是 PyTorch 图片格式，即[batch_size, channel, image_height, image_width]。

注意：卷积运算本身对图片的大小没有要求，但卷积神经网络最后是一个全连接层（输出与标签值形状一致的结果），因此整个网络对图片的形状是有要求的。

因为通常卷积和池化是同时出现的，卷积之后紧接着就是池化，因此，我们使用 torch.nn.Sequential 将卷积、池化、激活函数装起来作为一个层（可调用对象），当调用 Sequential 时，它里面的这 3 个层都会被依次执行，Sequential 示意源码如下：

```python
# Chapter05/05 - 1/2.Sequential.py

import torch


class Sequential(torch.nn.Module):
    def __init__(self, *args):
        super().__init__()
        self.modules = []
        for module in args:
            self.modules.append(module)

    def forward(self, x):
        for module in self.modules:
            x = module(x)
        return x


if __name__ == '__main__':
    x_data = torch.randn(3, 2)
```

```python
model = Sequential(torch.nn.Linear(2, 5), torch.nn.Linear(5, 10))
output = model(x_data)
print(output)
```

因此使用 Sequential 定义卷积层的代码如下:

```python
conv_layer = torch.nn.Sequential(
            torch.nn.Conv2d(1, 16, Kernel_size = 3, stride = 1, padding = 1),
            torch.nn.ReLU(),
            torch.nn.MaxPool2d(Kernel_size = 2, stride = 2))

dummy_image = torch.randn(1,1,28,28)
output = conv_layer1(dummy_image)
```

使用卷积神经网络进行 MNIST 手写数字数据集分类任务,代码如下:

```python
# Chapter05/05 - 1/3. CNN.py

import torch
import torchvision

# 设置超参数
num_epochs = 5
batch_size = 100
num_classes = 10
learning_rate = 0.001

# 从 TorchVision 下载 MNIST 数据集
train_dataset = torchvision.datasets.MNIST(root = './data',
                                           train = True,
                                           transform = torchvision.transforms.ToTensor(),
                                           download = True)

test_dataset = torchvision.datasets.MNIST(root = './data',
                                          train = False,
                                          transform = torchvision.transforms.ToTensor())

# 使用 PyTorch 提供的 DataLoader,以分批乱序的形式加载数据
train_loader = torch.utils.data.DataLoader(dataset = train_dataset,
                                           batch_size = batch_size,
                                           shuffle = True)

test_loader = torch.utils.data.DataLoader(dataset = test_dataset,
                                          batch_size = batch_size,
                                          shuffle = False)
```

```python
# 构建卷积神经网络
class ConvolutionalNeuralNetwork(torch.nn.Module):
    def __init__(self, num_classes = 10):
        super(ConvolutionalNeuralNetwork, self).__init__()
        self.conv_layer1 = torch.nn.Sequential(
            torch.nn.Conv2d(1, 16, Kernel_size = 3, stride = 1, padding = 1),
            torch.nn.ReLU(),
            torch.nn.MaxPool2d(Kernel_size = 2, stride = 2))
        self.conv_layer2 = torch.nn.Sequential(
            torch.nn.Conv2d(16, 32, Kernel_size = 3, stride = 1, padding = 1),
            torch.nn.ReLU(),
            torch.nn.MaxPool2d(Kernel_size = 2, stride = 2))
        self.fc = torch.nn.Linear(7 * 7 * 32, num_classes)

    def forward(self, x):
        x = self.conv_layer1(x)
        x = self.conv_layer2(x)

        # 将卷积层的结果拉成向量再通过全连接层
        x = x.reshape(x.size(0), -1)
        x = self.fc(x)
        return x

# 实例化模型(可调用对象)
model = ConvolutionalNeuralNetwork(num_classes)

# 设置损失函数和优化器
criterion = torch.nn.CrossEntropyLoss()
optimizer = torch.optim.Adam(model.parameters(), lr = learning_rate)

# 训练模型
total_step = len(train_loader)
for epoch in range(num_epochs):
    for images, labels in train_loader:
        # Forward pass
        outputs = model(images)
        loss = criterion(outputs, labels)

        # Backward and optimize
        optimizer.zero_grad()
        loss.backward()
        optimizer.step()

# 检验模型在测试集上的准确性
```

```
correct = 0
total = 0
for images, labels in test_loader:
    outputs = model(images)
    _, predicted = torch.max(outputs, 1)
    total += labels.size(0)
    correct += (predicted == labels).sum().item()

print('Accuracy on test set: {} %'.format(100 * correct / total))
```

5.2.4 迁移学习

迁移学习即在大规模数据集上对训练得到的预训练模型进行微调，以便快速获得能够完成自定义任务的网络的方法。

PyTorchHub 和 TorchVision 都提供预训练模型，后者包含我们常用的计算机视觉模型。

通过 torchvision.models.resnet18() 函数可以获得一个 resnet18 模型，若含有参数 pretrained=True，则下载预训练参数（否则只有网络结构，其中的参数是随机初始化的），代码如下：

```
model = torchvision.models.resnet18(pretrained = True)

dummy_trainset = torch.randn(100,3,224,224)
outputs = model(dummy_trainset)
print(outputs)
```

使用这些预训练模型很简单，它们都是继承自 torch.nn.Module 的可调用对象，可以根据需要替换其中的层，也可以将整个模型当作一个层训练自己的模型，例如替换 resnet18 的最后一层使输出维度为 n，以完成 n 分类任务，代码如下：

```
model = torchvision.models.resnet18(pretrained = True)
model.fc = torch.nn.Linear(512,num_classes)

outputs = model(x_data)
```

注意：print(model) 可以打印网络结构，因此可以看到 resnet18 的最后一层为（fc）:Linear(in_features=512，out_features=1000，bias=True)。

如果我们搜集的数据只有几百张或几千张图片，这不足以训练大型模型，但是可以直接下载已经在大型数据集上训练完成的模型并使用自己搜集的数据集进行微调，其许多低层采样器已经相对合理，所以能更快收敛并完成任务。

5.2.5 梯度消失

既然神经网络的每一层都能抽取上一层的特征,那么网络能无限制地叠加层数吗?很遗憾,不能,越深层的网络越难以训练。

我们以卷积层为例,使用卷积核大小为 3,步长为 1,填充为 1 的卷积,其不改变图像的大小,可以直接使用 for 循环进行叠加。同时考虑到这里的计算较复杂,我们使用 .to(device)的方式将数据和模型放到 GPU 上运算(详见 5.4.4 节),代码如下:

```python
#Chapter05/05-1/5.resnet.py

import torch
import torchvision

#设置超参数
batch_size = 100
input_size = 784
hidden_size = 1000
num_classes = 10
num_epochs = 5
learning_rate = 0.001

device = torch.device('cuda:0' if torch.cuda.is_available() else 'cpu')

...

conv_layer_number = 18


class NeuralNetwork(torch.nn.Module):
    def __init__(self):
        super(NeuralNetwork, self).__init__()
        self.conv_start = torch.nn.Sequential(
            torch.nn.Conv2d(1, 16, 3, 1, 1),
            torch.nn.ReLU()
        )
        #卷积核尺寸为3,步长为1,填充为1,但不改变图片尺寸,可直接叠加
        self.conv_loop = torch.nn.Sequential(
            torch.nn.Conv2d(16, 16, 3, 1, 1),
            torch.nn.ReLU()
        )
        self.conv_end = torch.nn.Sequential(
            torch.nn.Conv2d(16, 1, 3, 1, 1),
            torch.nn.ReLU()
        )
```

```python
        self.fc = torch.nn.Linear(28 * 28, 10)

    def forward(self, x):
        x = self.conv_start(x)
        for i in range(conv_layer_number):
            x = self.conv_loop(x)
        x = self.conv_end(x)
        x = self.fc(x.reshape(-1, 28 * 28))
        return x


model = NeuralNetwork().to(device)
# 设置损失函数和优化器
criterion = torch.nn.CrossEntropyLoss()
optimizer = torch.optim.Adam(model.parameters(), lr = learning_rate)

# 训练模型
for epoch in range(num_epochs):
    for i, (images, labels) in enumerate(train_loader):
        images = images.to(device)
        labels = labels.to(device)

        outputs = model(images)
        loss = criterion(outputs, labels)

        # 反向传播,算出 Loss 对各参数的梯度
        optimizer.zero_grad()
        loss.backward()

        # 更新参数
        optimizer.step()

# 检验模型在测试集上的准确性
correct = 0
total = 0
for images, labels in test_loader:
    images = images.to(device)
    labels = labels.to(device)
    outputs = model(images)
    _, predicted = torch.max(outputs, 1)
    total += labels.size(0)
    correct += (predicted == labels).sum().item()

print('Accuracy on test_set: {} %'.format(100 * correct / total))
```

当 conv_layer_number=10 时，输出如下：

```
Accuracy on test_set: 96.41 %
```

这没有什么问题，将 conv_layer_number 改成 18，输出如下：

```
Accuracy on test_set: 11.35 %
```

因为 MNIST 数据集是 10 分类问题（10 个数字），所以瞎猜的正确率是 10%，这与此时模型的正确率没有太大差别。为什么会这样呢？我们打印出训练过程的 Loss，代码如下：

```
# Chapter05/05-1/5.resnet.py

for epoch in range(num_epochs):
    for i,(images, labels) in enumerate(train_loader):
        images = images.cuda()
        labels = labels.cuda()
        outputs = model(images)
        loss = criterion(outputs, labels)
        optimizer.zero_grad()
        loss.backward()
        optimizer.step()

        if (i + 1) % 100 == 0:
            print(loss.item())
```

输出如下：

```
2.300546169281006
2.298768997192383
2.3063318729400635
2.296616792678833
2.3011674880981445
...
2.2954554557800293
2.305342674255371
2.3037164211273193
```

Loss 始终都没有太大变化，也就是说网络什么都没有学到，这是为什么呢？
我们换成打印网络中参数的梯度，代码如下：

```
for param in model.conv_start.parameters():
    print(param.grad)
```

输出如下:

```
tensor([[[[ 0.0000e+00,   0.0000e+00,   0.0000e+00],
          [ 0.0000e+00,   0.0000e+00,   0.0000e+00],
          [ 0.0000e+00,   0.0000e+00,   0.0000e+00]]],
...
         [[[-2.0122e-11, -2.0975e-11, -1.9259e-11],
           [-1.7811e-11, -1.7516e-11, -2.1044e-11],
           [-1.0119e-11, -1.2688e-11, -1.4489e-11]]],
```

网络中参数的梯度都非常小,小于 10^{-10} ,直至小于计算机所能表示的最小浮点数而变成了 0,这种现象被称为梯度消失。

在 4.1.3 节介绍反向传播时我们曾实际手动计算过导数,其中 $W_1.\text{grad} = W_5 \cdot W_4 \cdot W_3 \cdot W_2 \cdot x_1$,即传播中会有关于 W 的激活函数求导结果连乘,当网络的层数增多时,这个连乘链会变得越来越长,类似指数地缩小,因为 W 是按标准正态分布初始化的,往往都是在 $(-1,1)$ 区间的,这个连乘的结果很快就会接近于 0。这还是对于激活函数 ReLU 而言的,若是 Sigmoid 函数,就更容易发生梯度消失了。反之,如果 W 初始化过大,就可能会出现梯度爆炸,即梯度快速增长直至超过计算机能表示的最大浮点数。

但是显然神经网络并不是只能叠 10 层以内,不过这就需要使用更多的技巧,而不是一 train 超人。例如在 5.2.4 节介绍的 resnet18,就是 18 层带权重层(包括卷积层和全连接层,但不包括池化层和 BatchNormal 这些不含可训练参数的层),而通过 torchvision.models 还能看到 resnet-50、resnet-152,因为残差网络的基本单元是一种名为残差块的层,层中提供捷径,PyTorch 中源码如下(注意输入被备份到一个名为 identity 的变量上):

```python
#Python37\Lib\site-packages\torchvision\models\resnet.py
def forward(self, x):
    identity = x

    out = self.conv1(x)
    out = self.bn1(out)
    out = self.relu(out)

    out = self.conv2(out)
    out = self.bn2(out)

    out += identity
    out = self.relu(out)

    return out
```

你可能会说,这不就是把输入复制了一份,然后加在经过了各个卷积层的最终结果上了吗?确实如此,但正是因为这条捷径的存在,在反向传播时梯度可以通过捷径传递,以此可以缓解梯度消失的问题。

因此按照这个思路修改模型：

```
def forward(self, x):
    x = self.conv_start(x)
    for i in range(conv_layer_number):
        temp = x
        x = self.conv_loop(x)
        x += temp
```

输出如下：

```
Accuracy on test_set: 97.63 %
```

简单地加上了这条捷径之后不仅解决了梯度消失的问题还成功训练了 18 层的卷积层，而且因为卷积层层数多、模型更深，在同样训练次数的情况下让预测的准确度进一步增加了。

5.3 目标检测

普通的 CNN 可以检测照片中的物体种类甚至输出其位置，但我们很多时候要求模型能够识别图片中所有物体并标出其位置，例如在自动驾驶任务中，需要模型实时地检测视野中的行人和车辆。

5.3.1 YOLO

要定位图片主要物体的位置并不复杂，只要有对应的数据集，并在输出上添加拟合标签需要的维度即可。

例如要做一个行人车辆检测器，那么输出为 $[v, c_1, c_2, x, y, h, w]$，$v(\text{valid})$ 表示图中是否有物体，若该位的值为 0，则后面的维度全都无效。c_1 和 c_2 为 One-Hot 表示的图中物体种类，x、y、h 和 w 为模型标出的物体方框的位置及高和宽，如图 5-5 所示。

图 5-5　目标定位

但是图中有多个物体,如果要全部输出有两种思路,一种思路是设置一个方框像卷积一样扫过整张图片,将每一次方框中的内容送入目标定位网络进行分类和定位;另一种思路是将图片切分为许多块,每一块都产生一个输出,表明自己那块区域里是否有物体(判定依据为物体方框的几何中点在区域内),有物体及是什么种类并用一个方框标出它,如图 5-6 所示。

这便是 YOLOv1 算法。值得一提的是因为每个框都会汇报一个结果,所以我们采取了这样的策略:①物体的坐标采用全局坐标,图片左上角的坐标是(0,0),右下角的坐标是(1,1),不会超过 1,而物体的高和宽使用区域坐标,如果物体比一块区域更大,则会出现高和宽大于 1 的情况(如图 5-2)。②多个格子可能汇报同一个物体,我们取其 v 值(置信度)最高的那个结果,并删去其他与其重叠范围大的汇报结果,该过程称为非极大值抑制。

该算法速度很快,但可以想象,若遇到密集的小物体,则效果会很差。

图 5-6　YOLOv1

5.3.2　FasterRCNN

在 YOLOv1 中我们手动地将图片划分为固定的 7×7 块区域,然后在每个区域上识别物体,而 FasterRCNN 的原理分两步走:

第一步:找到物体所在的区域(自动划区),这部分网络被称为 RPN 网络;

第二步:在划出的每个区域上识别物体。

显然,这相比 YOLOv1 来说更慢且训练更困难,但是效果更好,因为我们将更多的工作交给模型自己学习。

图片中可能含有物体的区域被称为候选区域(ROI),获得它也并不是一步完成的,首先我们需要在图片中构造出更可能多、各种形状的区域,这些预定义的框被称为 Anchor,它们将图片切得支离破碎(且彼此重叠),如图 5-7 所示。

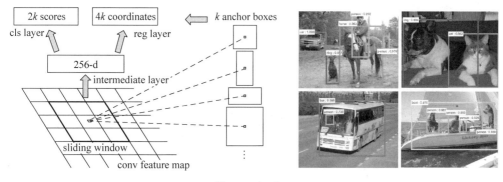

图 5-7　Anchors

PyTorch 官方实现里创建了 5 种尺寸、3 种缩放系数的 Anchor，代码如下：

```
anchor_sizes = ((32,), (64,), (128,), (256,), (512,))
aspect_ratios = ((0.5, 1.0, 2.0),) * len(anchor_sizes)
rpn_anchor_generator = AnchorGenerator(
    anchor_sizes, aspect_ratios
)
```

每移动一步，例如从左上角开始，一步移动 16 个像素，就可以创建一组 Anchor。之后在这些 Anchor 上运行物体以便定位网络，筛选出有物体的区域（proposals）并进行初步定位，代码如下：

```
detections, detector_losses = self.roi_heads(features, proposals, images.image_sizes, targets)
```

注意：这里的 Anchor 数量非常多，所以这里运行的物体定位网络比后面精确定位的物体定位网络更简单。

之后传到网络的后半部分进行精确定位，即可得到识别结果，代码如下：

```
detections = self.transform.postprocess(detections, images.image_sizes, original_image_sizes)
```

5.3.3　在 PyTorch 中使用 FasterRCNN

在 PyTorch 中使用 FasterRCNN 非常简单，只需使用 torchvision.models.detection.fasterrcnn_resnet50_fpn() 便可以获得一个 FasterRCNN 的可调用对象，代码如下：

```
fastrcnn = torchvision.models.detection.fasterrcnn_resnet50_fpn()
```

值得注意的是，使用迁移学习微调该模型并不是按以前的方法自行梯度下降，获得的可调用对象如果只传入数据 images，则只进行预测，如果传入数据 images 和标签 targets，则进行训练，源码如下：

```
def forward(self, images, targets=None):
```

训练模型，代码如下：

```
# Chapter05/05-2/fastrcnn.py

# 获得模型
model = torchvision.models.detection.fasterrcnn_resnet50_fpn(pretrained=True)
# 训练模型
images, boxes = torch.rand(4, 3, 600, 1200), torch.rand(4, 11, 4)
labels = torch.randint(1, 91, (4, 11))
```

```
images = list(image for image in images)
targets = []
for i in range(len(images)):
    d = {}
    d['boxes'] = boxes[i]
    d['labels'] = labels[i]
    targets.append(d)
output = model(images, targets)
```

使用该模型进行预测，代码如下：

```
model.eval()
x = [torch.rand(3, 300, 400), torch.rand(3, 500, 400)]
predictions = model(x)
```

5.4 实用工具

我们之前使用的都是 PyTorch 提供的已训练好的数据集，在理想环境中着重学习模型的搭建，然而在实践中并不总是有提供好的能够直接使用的 Dataset 对象，因此本节介绍一些处理数据的手段。

5.4.1 图像处理

图片并不是按像素直接存储在磁盘上，而是会经过编码，例如 bmp 格式是不压缩，png 格式是无损压缩，jpg 格式是有损压缩，对同一张 1080P 图片，其 3 种格式的图片大小如图 5-8 所示。

test.bmp	2020/10/26 10:44	BMP 文件	6,076 KB
test.png	2020/10/26 10:45	PNG 文件	1,578 KB
test.jpg	2020/10/26 10:45	JPG 文件	118 KB

图 5-8 图片格式

因此磁盘上存储的并不是图片的像素，我们也不能直接通过对标准文件读写的方式获得图片文件中需要的数据，如果不想查阅各种图片编码的规则来编写读取程序，就需要借助库。

1. Matplotlib

Matplotlib 提供基础的图片读取和显示的 API，代码如下：

```
# Chapter05/05 - 4/1.matplotlib.py

import matplotlib.pyplot as plt
```

```
//读取图片
image = plt.imread("./img1.jpg")

//打印像素值
print(image)

//保存一个ndarray数组为图片
plt.imsave("./img1_copy.jpg", image)

//显示图片
plt.imshow(image)
plt.show()
```

2. PIL

TorchVision 的各种图片操作均基于 PIL 库(Python Image Library)，其部分 API 也仅接收 PIL 类型的数据而不接受通用的 ndarray 类型(因为特定数据类型提供特定的操作)，其基本使用代码如下：

```
import PIL.Image as Image
image = Image.open("img1.jpg")
image.show()
```

3. TorchVision

通常我们并不直接使用读取的图片，首先其大小就不一定都一样，而神经网络中的全连接层对输入维度是严格要求的。要对图片进行常规修改，可以使用 torchvision.transforms 提供的一些可调用对象，最常用的有①ToTensor：将图片数据重排为 PyTorch 要求的格式和类型；②RandomResizedCrop：将图片裁剪为指定尺寸；③RandomHorizontalFlip：对图片随机进行水平翻转；④Normalize：对图片进行指定均值和方差的标准化。

1) ToTensor

将图片的像素/255 变成[0,1]并转置为[channel,height,width]，具体实现在 5.1.2 节提到过，使用代码如下：

```
to_tensor = transforms.ToTensor()
image_tensor = to_tensor(image)
print(image)
```

注意，这时候的数据实际上已经不是图片了，虽然数据还是那些数据，但其已经重排为 PyTorch 要求的格式，且数据类型为 Tesnor，而 RandomResizedCrop、RandomHorizontalFlip 两个 API 只接收 PIL 格式的图片。

2) RandomResizedCrop

对图片进行裁剪，实例化时传入要求的图片尺寸，代码如下：

```
random_resized_crop = transforms.RandomResizedCrop(224)
image_resized = random_resized_crop(image)
image_resized.show()
```

3) RandomHorizontalFlip

按概率(默认 50%)对图片进行水平翻转,这是一种数据增强的手段,实例化时可指定翻转的概率,代码如下:

```
random_horizontal_flip = transforms.RandomHorizontalFlip(1)
image_flipped = random_horizontal_flip(image)
image_flipped.show()
```

4) Normalize

在 4.3.2 节提到过,对模型进行标准化能显著提高模型的收敛速度,同时可用与 ToTensor()作用相反的可调用对象 ToPILImage 将标准化后的数据转换成图片以便显示,代码如下:

```
normalize = transforms.Normalize([0.485, 0.456, 0.406], [0.229, 0.224, 0.225])
image_normalize_tensor = normalize(image_tensor)
image_normalize = transforms.ToPILImage()(image_normalize_tensor)
image_normalize.show()
```

4. OpenCV

OpenCV 是计算机视觉领域最知名的开源计算机视觉库之一,如果需要进行一些复杂的图像处理,则可以考虑查阅它的官方文档看是否有相应的支持。其提供 Python 的 API,可通过 pip install opencv-python 安装,使用 import cv2 导入,导入之后可以使用 cv2.imread 读取一张图片,返回一个包含像素的 Numpy 数据结构 ndarray,代码如下:

```
import cv2

image = cv2.imread("test.jpg")
print(image)
```

输出如下:

```
array([[[206, 206, 206],
        [206, 206, 206],
        [206, 206, 206],
        ...,
        [247, 247, 247],
        [247, 247, 247],
        [247, 247, 247]]], dtype = uint8)
```

需要注意的是,OpenCV 使用的颜色通道为 BGR 而不是 RGB,这其实与吃煮鸡蛋时先敲小头还是大头的道理相同，颜色通道的选择有其历史原因，与别的库交互时需使用 cvtColor。

5. 原则

不要手动循环遍历像素修改值。因为纯 Python 速度很慢，不加处理会比 C++ 慢 100 倍以上，而 PyTorch、Numpy 底层代码是 C/C++，使用 Python 调用 C/C++ 代码，既能保证开发效率，又能保证运行速度。

我们使用例子来说明这一点。PyTorch 要求的图片的维度与图片存储的格式不一样，我们可以使用 Python 代码完成数据的重排，代码如下：

```python
#Chapter05/05 - 4/3.speed test.py

def convert_ndarray_to_tensor_pure_python(image: np.ndarray):
    result = torch.zeros(image.shape[2], image.shape[0], image.shape[1])
    for i in range(image.shape[0]):
        for j in range(image.shape[1]):
            for k in range(image.shape[2]):
                result[k][i][j] = image[i][j][k] / 255
    return result
```

为了得到运行时间，需要导入 time 库，这是一个官方库，使用 time.time 可以获得当前时间的时间戳(1970 年后任意选定时间经过的浮点秒数)，通过代码运行前后获得的时间相减就可以得到程序段的运行时间，代码如下：

```python
#Chapter05/05 - 4/3.speed test.py

import time

start = time.time()
image_tensor1 = torchvision.transforms.ToTensor()(src_image)
end = time.time()
print("torchvision.transforms.ToTensor cost:{} s", end - start)
```

使用 ToTensor() 能完成同样的功能，代码不再赘述。

将两者速度进行对比，代码如下：

```python
#Chapter05/05 - 4/3.speed test.py

import torchvision
import Numpy as np
import matplotlib.pyplot as plt
import torch
import time
```

```python
def convert_ndarray_to_tensor_pure_python(image: np.ndarray):
    result = torch.zeros(image.shape[2], image.shape[0], image.shape[1])
    for i in range(image.shape[0]):
        for j in range(image.shape[1]):
            for k in range(image.shape[2]):
                result[k][i][j] = image[i][j][k] / 255
    return result


src_image = plt.imread("./img1.jpg")

start = time.time()
image_tensor1 = torchvision.transforms.ToTensor()(src_image)
end = time.time()
print("torchvision.transforms.ToTensor cost:{} s", end - start)

start = time.time()
image_tensor2 = convert_ndarray_to_tensor_pure_python(src_image)
end = time.time()
print("convert_ndarray_to_tensor_pure_python cost:{} s", end - start)
```

输出如下：

```
torchvision.transforms.ToTensor cost:0.001969575881958008 s
convert_ndarray_to_tensor_pure_python cost:8.19406008720398 s
```

在这次测试中，对一张 295×695 像素的图片而言，使用纯 Python 比调用库函数慢了 4000 倍左右。实际上，一张小图片使用纯 Python 进行遍历耗时已经达到了秒级，这让其几乎没有实用性。

5.4.2 保存与加载模型

在 PyTorch 中保存模型有两种形式：保存 state_dict（所有可训练的参数，不包括网络结构）或保存整个网络，前者是建议的形式，后者实际上是使用 pickle 将对象序列化并保存到磁盘上，当路径变动时会产生错误。

1. 保存模型

保存 4.2.3 节手写数字识别的模型，在文件的最后加上一句，代码如下：

```
torch.save(model.state_dict(), './model.ckpt')
```

这样训练完成之后同级文件夹中会有一个 model.ckpt。

2. 加载模型

仅保存参数的情况下，加载参数时有模型的定义，代码如下：

```python
# Chapter05/05 - 4/4.load_model.py

class ConvolutionalNeuralNetwork(torch.nn.Module):
    def __init__(self, num_classes = 10):
        super(ConvolutionalNeuralNetwork, self).__init__()
        self.conv_layer1 = torch.nn.Sequential(
            torch.nn.Conv2d(1, 16, Kernel_size = 3, stride = 1, padding = 1),
            torch.nn.ReLU(),
            torch.nn.MaxPool2d(Kernel_size = 2, stride = 2))
        self.conv_layer2 = torch.nn.Sequential(
            torch.nn.Conv2d(16, 32, Kernel_size = 3, stride = 1, padding = 1),
            torch.nn.ReLU(),
            torch.nn.MaxPool2d(Kernel_size = 2, stride = 2))
        self.fc = torch.nn.Linear(7 * 7 * 32, num_classes)

    def forward(self, x):
        x = self.conv_layer1(x)
        x = self.conv_layer2(x)

        #将卷积层的结果拉成向量再通过全连接层
        x = x.reshape(x.size(0), -1)
        x = self.fc(x)
        return x


#实例化模型(可调用对象)
model = ConvolutionalNeuralNetwork(10)

#加载参数
model.load_state_dict(torch.load("./model.ckpt"))
```

在训练集上进行测试,因为此参数是从已经训练完成的模型中得到的,所以不需要训练其准确率就很高,代码如下:

```python
# Chapter05/05 - 4/4.load_model.py

test_dataset = torchvision.datasets.MNIST(root = './data',
                                          train = False,
                                          transform = torchvision.transforms.ToTensor())
test_loader = torch.utils.data.DataLoader(dataset = test_dataset,
                                          batch_size = batch_size,
                                          shuffle = False)

correct = 0
total = 0
```

```
for images, labels in test_loader:
    outputs = model(images)
    _, predicted = torch.max(outputs, 1)
    total += labels.size(0)
    correct += (predicted == labels).sum().item()

print('Accuracy on test set: {} % '.format(100 * correct / total))
```

输出如下：

```
Accuracy on test set: 98.52 %
```

假设是已经部署的模型，模型加载数据之后将会接收单张图片进行预测，代码如下：

```
# Chapter05/05 - 4/4.load_model.py


sample_image = test_dataset[0][0]
torchvision.transforms.ToPILImage()(sample_image).show()
outputs = model(sample_image.reshape(1, 1, 28, 28))
_, predicted = torch.max(outputs, 1)
print(predicted)
```

提示：此处维度处理看起来复杂但自己多尝试尝试便会发现其实很简单，记住二维卷积的输入必须是 4 维的[batch_size, channel, height, width]，哪怕 batch_size 和 channel 都是 1 也不能省略，其原因在第 7 章讲解，写出对任意维度都能正常运行的函数不简洁，且可能引起不易察觉的错误。

显示待预测的图片如图 5-9 所示。

输出如下：

```
tensor([7])
```

对只有一个元素的张量可以通过 item() 将其转换为 Python 基础数据类型，代码如下：

图 5-9　待预测的图片

```
scalar = torch.tensor([7])
scalar.item()
```

输出如下：

```
7
```

5.4.3 加载数据

之前我们使用 torchvision.datasets.MNIST 获得过 MNIST 数据集，并把它当作一个包含训练数据的列表使用。事实上，在训练数据较少且内存足以全部加载的情况下，将训练数据放进一个列表进行遍历完全没有问题，而且内存的速度远超过硬盘。但若训练数据多起来，内存无法一次性将所有训练数据都读入，这就需要分步加载了。

PyTorch 提供一个工具类 torch.utils.data.Dataset，此工具类是一个抽象类，用户自定义的数据集应继承它并重写两个魔术方法：

__len__：重写此方法的类对其调用 len() 将会返回其元素个数。

__getitem__(index)：重写此方法的类能按序号返回一个元素。

重写了这两个方法之后，这个对象就能像列表一样使用并能通过 len() 获得其长度、[] 取元素，这是因为 Python 魔术方法会在合适的时机被自动调用。而继承 torch.utils.data.Dataset 的作用主要是支持多线程，以及一种规范，与 torch.utils.data.DataLoader 配合。

5.4.4 GPU 加速

GPU 因含有大量并行计算单元，非常适合用于深度学习模型的训练，相比 CPU 能加速十几倍到几十倍。在 PyTorch 中使用 GPU 需安装 CUDA 和对应版本的 cuDNN，可参考 9.3.3 节和 9.3.6 节安装，之后卸载 CPU 版本的 PyTorch 并安装 GPU 版本的 PyTorch，也可以直接使用含有常用环境的 Colaboratory（https://colab.research.google.com/，可免费使用 16GB 显存的 Tesla P100，需能访问谷歌）。

在 PyTorch 中使用 GPU 很简单，将数据和模型使用 .cuda() 转换为 GPU 类型，之后的运算便运行在 GPU 上，代码如下：

```
#Chapter05/05-4/5.gpu_tensor.py

x_data = torch.randn(100, 3, 224, 224)
model = torchvision.models.resnet18()

x_data = x_data.cuda()
model = model.cuda()

y_predict = model(x_data)
```

不过计算完成之后，如果需要绘图，则需要先用 .cpu() 将数据转换为 CPU 张量，否则因为两者不在同一个内存空间，从而导致调用 .numpy() 会报错，错误提示如下：

```
TypeError: can't convert cuda:0 device type tensor to Numpy. Use Tensor.cpu() to copy the tensor to host memory first.
```

使用 to(device) 也可以将 CPU 张量转换为 GPU 类型，且可以写出兼容性更好的代码，在 CPU 版本的 PyTorch 中也可以正常执行，代码如下：

```python
#Chapter05/05 - 4/5.gpu_tensor.py

device = torch.device('cuda:0' if torch.cuda.is_available() else 'cpu')

model = ConvNet(num_classes).to(device)
for epoch in range(num_epochs):
    for i, (images, labels) in enumerate(train_loader):
        images = images.to(device)
        labels = labels.to(device)

        # Forward pass
        outputs = model(images)
        loss = criterion(outputs, labels)

        # Backward and optimize
        optimizer.zero_grad()
        loss.backward()
        optimizer.step()
```

而.cuda()在 CPU 版本的 PyTorch 环境中就会报错。

5.4.5 爬虫

爬虫程序能将网页中的数据保存下来，以供分析，例如训练猫狗分类器，可以爬取百度图片里猫和狗的图片。使用爬虫需遵守法律和 robots.txt，不能用于抢购，不能爬取非公开的数据，也不能通过自己的渠道向外发布或倒卖爬取的数据，不能对服务器造成过大压力。在正确使用的前提下，爬虫是一种获取数据的有力手段。

1. 安装 selenium

selenium 是一个浏览器自动化工具，可以使用脚本控制浏览器访问网页并保存我们需要的内容。使用 pip install selenium 可以安装 selenium 包，并需要配套浏览器驱动，推荐使用 Chrome 浏览器 + Chrome driver，Chrome 浏览器可在 https://www.google.cn/Chrome/下载，安装完成后单击右上角的 3 个点→设置→关于 Chrome 可以看到当前安装的 Chrome 的版本，如图 5-10 所示。

图 5-10　查看 Chrome 版本

接着前往 http://npm.taobao.org/mirrors/Chromedriver/ 下载对应版本的 Chrome driver，笔者使用的是 Windows 平台所以选择 Chromedriver_win32.zip，如图 5-11 所示。

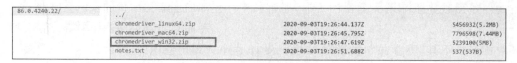

图 5-11　下载 Chrome driver

解压下载的压缩包之后可以得到一个可执行文件 Chromedriver.exe，selenium 驱动 Chrome 浏览器就需要它，将其复制到与 Python 脚本同级的目录（或将其复制到系统环境变量 Path 的路径下，这样在所有项目中均可被检索到，推荐放置于 Python 安装目录下的 Scripts 文件夹，如在笔者的计算机上为 C:\Python\Scripts），这样安装 selenium 就完成了。

2．导入 selenium

首先需要使用 import selenium.webdriver as webdriver 导入 selenium，然后创建 webdriver.Chrome 的一个对象，再调用 browser.get(网址)，程序便会启动一个 Chrome 浏览器，访问指定的网址，代码如下：

```python
#Chapter05/05-4/6.selenium.py
import selenium.webdriver as webdriver
browser = webdriver.Chrome()
browser.get("http://www.baidu.com")
```

这样便会打开百度的首页。

3．定位网页中的元素

网页是一段 HTML 格式的文档，右击网页源代码可以查看，但更常用的方式是按 F12 键（或设置→更多工具→开发者工具）打开开发者工具，单击元素选取按钮，在网页上单击一个元素便可定位其在源码中的位置，快捷键为 Ctrl+Shift+C，如图 5-12 所示。

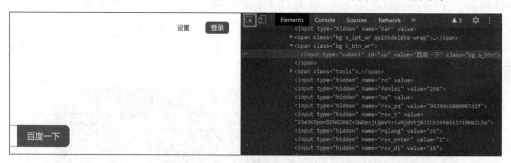

图 5-12　Chrome 开发者工具

HTML 文本是由 HTML 命令组成的描述性文本（可以类比编程语言），HTML 命令可以是说明文字、图形、动画、声音、表格、链接等。它的每个尖括号对都可类比为在 Python 中创建的一个对象，如< h1 ></h1 >是一个标题，< button ></button >是一个按钮等，它们的属性通过属性名＝属性值的方式在尖括号中给出，例如< button id＝"commit"></button >就是声明并创建了一个按钮，其 id 属性值为 commit。

浏览器下载到这些 HTML 文本之后需要将其渲染为页面，想从中提取数据有两种方式，一种方式是直接按照字符串的方式解析，这种方式速度快但是较烦琐；另一种方式是按照 HTML 的语法解析，例如 XPATH 和 BeautifulSoup。selenium 对这两种均支持。

特别地，如果一个页面中的元素有 id 属性，即在页面上唯一（这是一种约定，名为 id 的元素一个页面只有一个），我们查看百度首页的源码可以发现搜索框具有 id "kw"，搜索按钮具有 id 'su'，因此可以用 id 查找它们并进行对应的操作。

```
browser.find_element_by_id("kw").send_keys("AI")
browser.find_element_by_id('su').click()
```

受 selenium 控制的浏览器将会向百度搜索框键入 AI 并单击"搜索"按钮。

5.4.6　GUI 编程

因为到目前为止使用的都是 PyTorch 提供的数据集，因此可能忽略了一个问题，那就是数据如何标注。对于图像分类这样的问题，建立一个文档记录每张图片的类别尚且是可行的，但若是物体定位或识别的任务，就应该使用一个用于数据标注的小工具。

以物体定位为例，要求标注程序有一个能够显示正在标注的图片的窗口，并允许用户单击鼠标在图片上画出方框，并保存图片名称和方框的坐标到文档中的一行。

这里介绍 Qt 框架的简单使用。Qt 是目前最流行的跨平台 GUI（图形化用户界面）框架之一，开源并且对个人免费。Qt 提供 Python 接口，可以使用 pip install pyqt5 安装 PyQt，若需要 IDE 的智能提示还需要安装 PyQt5-stubs。

1. PyQt 的设置

此步不是必需的，但如果下面直接使用 PyQt 出现错误，则需要返回这里设置一个环境变量 QT_PLUGIN_PATH，该环境变量的值为 PyQt 安装目录下 plugins 文件夹的路径，通常为 Python 安装目录下的\Lib\site-packages\PyQt5\Qt\plugins，如在笔者的计算机上为 C:\Python\Lib\site-packages\PyQt5\Qt\plugins，找到该目录的路径可使用 setx 命令设置环境变量（Windows 平台，需以管理员权限运行 PowerShell，快捷键 Win＋X,A），如在笔者的计算机上设置环境变量命令如下：

```
setx /m QT_PLUGIN_PATH "C:\Python\Lib\site-packages\PyQt5\Qt\plugins"
```

或右击"此计算机"→属性→高级系统设置→环境变量→在系统变量一栏添加一个系统变量，如图 5-13 所示。

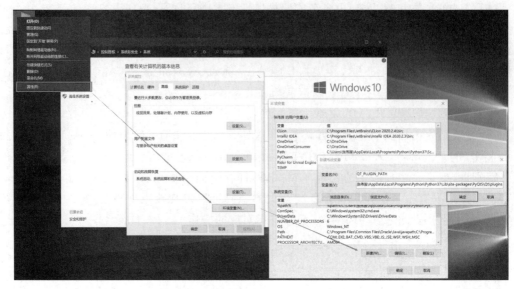

图 5-13　设置环境变量

之后重启计算机便可以正常使用 PyQt 了。

2. 第一个 PyQt 程序

按照面向对象的思想，一个应用程序应该是一个类的对象，提供管理这个窗体的函数，在 Qt 中，表示一个应用程序的类为 QApplication，它接收命令行参数，调用 exec_ 时进入一个接收事件的死循环以便让程序不会立即执行完退出，而是等待用户交互。一个窗体也应该是一个对象，提供管理这个窗体的函数，在 Qt 中为一个 QWidget。QWidget 创建之后需要调用 show() 显示，否则它们只运行在内存中（和 matplotlib 的 figure 需要调用 show() 类似）。

一个最简单 PyQt 程序，代码如下：

```
# Chapter05/05 - 6/1.pyqt5_hello_world.py

import sys

from PyQt5.QtWidgets import QApplication, QWidget

application = QApplication(sys.argv)
main_widget = QWidget()
main_widget.show()
main_widget.setWindowTitle("你好,Qt!")
application.exec_()
```

执行上述代码将会出现一个空窗口，标题栏为文字"你好,Qt!"，如图 5-14 所示。

QApplication 执行事件循环,同时可以向其询问窗口的分辨率(primaryScreen()获得主屏幕,. screens()获得所有屏幕),通过 resize 方法进行窗体的大小设置,以保证在不同分辨率的屏幕中外观相同,代码如下:

```
main_widget.resize(application.primaryScreen().size() * 0.7)
```

3. 窗体和控件

不只一个"窗口"是一个 QWidget,按钮、输入框等"控件"在 Qt 中也是 QWidget 的子类,不过因为它们

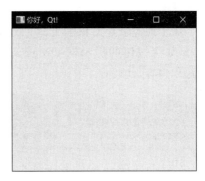

图 5-14 第一个 Qt 程序

通常不会单独存在,需要指定它们依附的父窗体,可以通过 setParent 方法指定父窗体,也可以在构造函数中传入父窗体。窗体可以通过 resize 和 move 修改大小和位置,也可以通过 setGeometry 同时修改大小和位置。需要注意的是,窗体位置指的是窗体左上角的位置(而不是中间位置)

和在 PyTorch 中构建神经网络继承 torch.nn.Module 类似,在 PyQt 中构建窗体通常继承 QWidget,代码如下:

```
# Chapter05/05-6/2.pyqt5_qwidget.py

import sys
from PyQt5.QtWidgets import QApplication, QWidget, QPushButton


class LabelToolWidget(QWidget):
    def __init__(self):
        super().__init__()

        self.resize(application.primaryScreen().size() * 0.7)

        button = QPushButton(self)
        button.setParent(self)

        self.show()


if __name__ == '__main__':
    application = QApplication(sys.argv)
    main_widget = LabelToolWidget()
    application.exec_()
```

注意,这里只调用了 LabelToolWidget 的 show()方法,而没有调用 button 的 show()方法,但 button 指定了父窗体,当父窗体 show()时,它也会一起 show();当父窗体销毁时,

它也销毁。

除了通过创建对象的方式创建窗体外,Qt 也提供了一些静态方法创建临时使用的窗体,例如无按钮的提示框 QMessageBox.about 和 QMessageBox.warning,参数为父窗体、标题和内容,代码如下:

```
main_widget = QWidget()
main_widget.show()
QMessageBox.about(main_widget, "提示", "这是一个消息框")
```

QMessageBox 提供有按钮的对话框,代码如下:

```
main_widget = QWidget()
main_widget.show()
result = QMessageBox.question(main_widget, "覆盖存档", "是否覆盖到此存档?")
```

这里的 result 是一个 Qt 规定的数,Yes 为 16384,No 为 65536,通常需要与 Qt 给出的标准值比对以便确定结果,代码如下:

```
result = QMessageBox.question(main_widget, "覆盖存档", "是否覆盖到此存档?")
if result == QMessageBox.Yes:
    QMessageBox.about(main_widget, "保存", "保存成功")
else:
    QMessageBox.about(main_widget, "取消", "取消保存")
```

此外,常用的文件对话框为 QFileDialog,其静态方法 getExistingDirectory 会弹出一个文件对话框让用户选择一个路径,返回用户选择的文件夹的路径,代码如下:

```
path = QFileDialog.getExistingDirectory()
print(path)
```

输出如下:

```
C:/Users/张伟振/PyCharmProjects/pythonProject/Chapter05/04-4
```

此外,也有 QFileDialog.getOpenFileNames() 等选择文件的方法。

虽然在这些静态方法的参数里父控件是第一个参数,但在 QPushButton、QLabel 等控件的构造函数中,父控件往往是最后一个参数,代码如下:

```
button_open = QPushButton("按钮", main_widget)
```

不过,如果直接属于主窗口,可以将其作为类成员,这样就不必指定父对象了,代码如下:

```
self.button_open = QPushButton("按钮")
```

4. 回调

使用 connect 传给按钮一个函数,当它被单击的时候调用这个函数,代码如下:

```
# Chapter05/05 - 6/3.button.py

import sys
from PyQt5.QtWidgets import QWidget, QMessageBox, QApplication, QPushButton


class LabelToolWidget(QWidget):

    def __init__(self):
        super().__init__()
        self.resize(application.primaryScreen().size() * 0.7)

        button = QPushButton(self)
        button.clicked.connect(self.on_button_click)
        self.show()

    def on_button_click(self):
        QMessageBox.about(self, "提示", "你单击了按钮")


if __name__ == '__main__':
    application = QApplication(sys.argv)

    main_widget = LabelToolWidget()
    sys.exit(application.exec_())
```

单击按钮则会弹出消息框"你单击了按钮"。

5. 主菜单

若继承自 QMainWindow,则可调用 self.statusBar()、self.menuBar()、self.addToolBar 获得窗口的状态栏、菜单栏和工具栏(self.statusBar()和 self.menuBar()在一个窗体中只能有一个,第一次获取会创建,后续返回当前的那个,self.addToolBar 调用一次创建一个工具栏)。使用 setCentralWidget 设置窗体主要区域,其会拉伸至填满主窗体。

1) 使用状态栏显示消息

self.statusBar().showMessage()可以在状态栏上显示一条消息,代码如下:

```
self.statusBar().showMessage("就绪")
```

可以在参数中追加消息显示的时间(单位为毫秒),代码如下:

```
self.statusBar().showMessage("就绪", 5000)
```

2）使用工具栏容纳 Action

使用 self.addToolBar 创建一个新的工具栏，代码如下：

```
self.toolBar = self.addToolBar("常用功能")
```

工具栏添加的是一个个 Action，一个 Action 是应用中的一个功能，例如打开、保存、另存为等，Action 可以由多种方式触发（triggered）：单击工具栏的对应按钮、使用快捷键、单击菜单栏中的对应按钮。

例如创建 Action，其触发回调绑定为 QApplication 的 quit 方法，代码如下：

```
self.toolBar = self.addToolBar("常用功能")
self.quitAction = QAction("关闭程序")
self.quitAction.triggered.connect(app.quit)
self.toolBar.addAction(self.quitAction)
```

6. 图片读取与显示

显示图片可以使用控件 QLabel 的 setPixmap 函数，该方法接收一个 QPixmap 对象，该对象可以加载一张图片，也可以直接使用 QPixmap 接收一个路径的构造函数创建对象并加载图片，代码如下：

```
# Chapter05/05-6/4.open_image.py

class MyMainWidget(QMainWindow):
    def __init__(self):
        super(MyMainWidget, self).__init__()
        self.resize(application.primaryScreen().size() * 0.7)

        self.label = QLabel()
        self.setCentralWidget(self.label)
        self.label.setAlignment(Qt.AlignCenter)

        self.toolBar = self.addToolBar("常用功能")

        self.actionOpenImage = QAction("打开图片")
        self.actionOpenImage.triggered.connect(self.openImage)
        self.toolBar.addAction(self.actionOpenImage)

        self.show()

    def openImage(self):
        pixmap = QPixmap(QFileDialog.getOpenFileName()[0])
        self.label.setPixmap(pixmap)
```

要让使用 QLabel 的图片居中对齐，需要调用其 setAlignment 方法，该方法的参数为一个枚举值 Qt.AlignCenter，需要导入 PyQt5.QtCore.Qt 类获取这个枚举值，代码如下：

```
from PyQt5.QtCore import Qt

self.label.setAlignment(Qt.AlignCenter)
```

效果如图 5-15 所示。

图 5-15　使用 QLabel 显示图片

7. 事件

PyQt5 中的事件类似 Python 中的魔术方法，会在特定的时候被自动执行，例如 mousePressEvent 方法控件会在被单击的时候执行，mouseMoveEvent 会在单击并按住按键拖动时执行（若需要在不按下时追踪鼠标位置则需要设置 setMouseTracking(true)），mouseReleaseEvent 会在单击抬起时执行。

在鼠标按下时记录此时鼠标的位置作为矩形框的左上角，移动时将鼠标的位置作为右下角，在 paintEvent 事件中使用画家（painter）画一个矩形，代码如下：

```
#Chapter05/05-6/5.label_image.py

class ImageView(QLabel):
    def __init__(self):
        super(ImageView, self).__init__()
        self.start_x = -1
        self.start_y = -1
        self.end_x = -1
        self.end_y = -1
```

```python
    def mousePressEvent(self, event: QtGui.QMouseEvent) -> None:
        self.start_x, self.start_y = event.x(), event.y()
        self.update()

    def mouseMoveEvent(self, event: QtGui.QMouseEvent) -> None:
        self.end_x, self.end_y = event.x(), event.y()
        self.update()

    def paintEvent(self, event: QtGui.QPaintEvent) -> None:
        super().paintEvent(event)
        painter = QPainter(self)
        pen = QPen(Qt.red, 3)
        painter.setPen(pen)
        if self.end_x != -1 and self.end_y != -1:
            painter.drawRect(self.start_x, self.start_y, self.end_x - self.start_x, self.end_y - self.start_y)
```

这种继承并重写方法是一种常见的自定义控件的方式，主窗口创建一个 ImageView 对象，可以当作 QLabel 使用，但其能响应框选操作，代码如下：

```python
class MyMainWidget(QMainWindow):
    def __init__(self):
        super(MyMainWidget, self).__init__()
        self.resize(application.primaryScreen().size() * 0.7)

        self.imageView = ImageView()
        self.imageView.setAlignment(Qt.AlignCenter)
        self.setCentralWidget(self.imageView)

        self.toolBar = self.addToolBar("常用功能")

        self.actionOpenImage = QAction("打开图片")
        self.actionOpenImage.triggered.connect(self.openImage)
        self.toolBar.addAction(self.actionOpenImage)

        self.imageShowing = None

        self.show()

    def openImage(self):
        self.imageShowing = QPixmap(QFileDialog.getOpenFileName()[0])
        self.imageView.setPixmap(self.imageShowing)
```

效果如 5-16 所示。

图 5-16　标注框

第 6 章 序列模型

序列指长度不定的数据,例如一段声频、一篇文章等,对话、语言识别、语音生成、文本生成等任务都需要序列模型。

6.1 循环神经网络

循环神经网络(RNN)是应对序列数据的经典网络。

6.1.1 原理

循环神经网络是另一种减少参数的思路,我们经常会遇到视频、声频这样的序列数据,如果把整段视频、整段声频一次性输入神经网络,显然需要输入层的参数量和内存是非常巨大的,例如一小段 3 分钟的音乐,使用 TorchAudio 将其读入内存并查看其张量维度,代码如下:

```
import torch
import torchaudio
import matplotlib.pyplot as plt

waveform, sample_rate = torchaudio.load("./test_music.wav")
print("Shape of waveform: {}".format(waveform.size()))
```

输出如下:

```
Shape of waveform: torch.Size([2, 14306797])
Sample rate of waveform: 96000
```

如果我们一次性将其输入神经网络中,第一层就会远远超过 28613594 个参数。

因此我们采用和设计卷积神经网络一样的思路——共享参数。具体做法是将序列切成一个个时序单元(一帧),然后依次在每个单元上运行一次神经网络。通常我们在卷积时取卷积核大小的区域进行采样,而最简单的循环神经网络只有两个输入——序列前一帧经过神经网络的输出和这一时刻序列中的数据。另外,卷积时共享参数只是共享卷积核里的几个参数，而循环神经网络在序列的所有单元上共享的是整个网络，如图 6-1 所示。

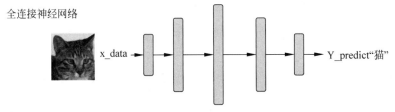

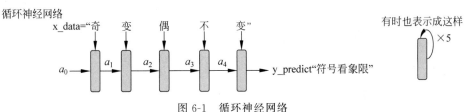

图 6-1 循环神经网络

公式表示如下。

切分 x 为时序序列：

$$x = x^{\langle t_1 \rangle} x^{\langle t_2 \rangle} \cdots x^{\langle t_n \rangle} \tag{6-1}$$

切分 y 为时序序列

$$y = y^{\langle t_1 \rangle} y^{\langle t_2 \rangle} \cdots y^{\langle t_n \rangle} \tag{6-2}$$

则每一时刻的输出

$$y^{\langle t_n \rangle} = \sigma(\boldsymbol{W}' y^{\langle t_{n-1} \rangle} + \boldsymbol{W} x^{\langle t_n \rangle} + b) \tag{6-3}$$

6.1.2 RNN 代码实现

因为 $y^{t\langle n \rangle}$ 中保有序列该时刻前的信息，因此 RNN 也被称为有记忆的神经网络。有时候我们希望 RNN 在某时刻输出时不只考虑序列该时刻前面的资源，而是考虑整个序列，那么就需要使用双向的 RNN，思路很简单，将序列正反各运行一次 RNN，每一时刻的正反结果共同决定输出。

在实现上，定义 RNNCell 和 RNN 两个继承自 torch.nn.Module 的类。

RNNCell 是复用的那个神经网络，需要使用一个成员变量记录之前一次的输出，并使用式(6-3)产生结果，示意代码如下：

```
#Chapter06/06-1/1.rnn.py

class RNNCell(torch.nn.Module):
    def __init__(self, input_size, output_size, activate_function):
        super(RNNCell, self).__init__()
        self.activate_function = activate_function
```

```
        self.linear_layer_current = nn.Linear(input_size, output_size)
        self.linear_layer_previous = nn.Linear(output_size, output_size)
        self.previous_output = torch.zeros(output_size)

    def forward(self, x: torch.Tensor):
        output = self.linear_layer_current(x) + self.linear_layer_previous(self.previous_output)
        output = self.activate_function(output)
        self.previous_output = output
        return output
```

而 RNN 则根据序列长度重复调用该单元,示意代码如下:

```
# Chapter06/06 - 1/2.rnn_batch.py

class RNN(torch.nn.Module):
    def __init__(self, input_size, output_size, activate_function = nn.Tanh()):
        super(RNN, self).__init__()
        self.rnn_cell = RNNCell(input_size, output_size, activate_function)

    def forward(self, x):
        sequence_length = x.shape[0]
        y = []
        for t in range(sequence_length):
            y.append(self.rnn_cell(x[t]))

        return y[-1], y
```

测试代码如下:

```
rnn = RNN(10, 20)
input = torch.randn(5, 3, 10)
last_output, outputs = rnn(input)
print(last_output)
```

注意,无论是我们实现的 RNN 还是 PyTorch 实现的 RNN,要求输入数据的格式都为 [sequen_length, batch_size, input_siz]而非通常使用的 [batch_size, sequen_length, input_size],完成这个转换不能简单地 reshape,而是要使用 torch.transpose 进行重排,该函数接收待重排的张量和重排的维度组合,维度从 0 开始编号,(1,0,2)代表第 1 个维度与第 2 个维度交换,(2,0,1)代表第 1 个维度为第 3 个维度交换(常用于图片转张量),代码如下:

```
x = torch.transpose(x, (1, 0, 2))
```

不过，PyTorch 提供的 RNN 也提供了一个参数 batch_first，若 batch_first=True 则输入数据维度为[batch_size，sequen_length，input_size]，省去了手动进行转置的麻烦，代码如下：

```
rnn = nn.RNN(10, 20, batch_first = True)
input = torch.randn(100, 3, 10)
last_output, outputs = rnn(input)
print(last_output)
```

当然，PyTorch 在执行时还是把输入的数据转换成了[batch_size，sequen_length，input_size]。

6.1.3 长短期记忆

长短期记忆(LSTM)是一种目前仍然很有效的序列模型，相比普通的 RNN，它共享参数的思路没有变化，但共享的那个神经网络更加复杂，能够应对反复使用网络导致参数指数叠加造成梯度消失的问题。

7min

LSTM 网络的基本结构是在普通全连接神经网络之外加了 3 个控制门，通常称为输入门、遗忘门、输出门，如图 6-2 所示。以往网络看到 x 便执行 $\sigma(\boldsymbol{W}x+b)$，然后输出，输出传给下一时刻当作输入之一。现在 x 想运算得先经过输入门，想输出得先经过输出门，想传给下一时刻需要先经过遗忘门。这 3 个门 Z_i、Z_f、Z_o 都是标量，数据通过它们就是与其相乘，当门的值为 0 时表示不能通过，值为 1 时表示完全通过。这 3 个门都是网络自己学习的。

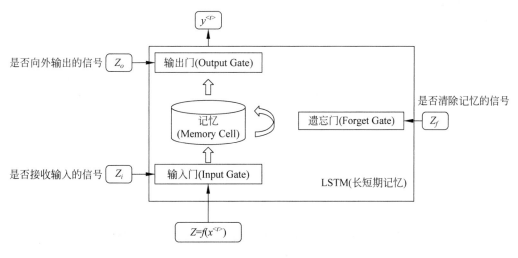

LSTM节点有4个输入和1个输出

图 6-2　LSTM

其具体的运算过程是：

（1）对某时刻 t，此时序列中那个单元的数据为 x_t，上一时刻模型传过来的数据为 y_{t-1}，根据这两个值通过几个线性运算 $Wx+b$，然后通过 Sigmod 函数映射到 $0\sim1$，算出 3 个门输入 i_t、遗忘门 f_t 和输出门 o_t 的值（计算 3 个门各有自己的 W 和 b）。公式如下：

$$i_t = \sigma(W_{ii}x_t + b_{ii} + W_{yi}y_{t-1} + b_{yi}) \tag{6-4}$$

$$f_t = \sigma(W_{if}x_t + b_{if} + W_{yf}y_{t-1} + b_{yf}) \tag{6-5}$$

$$o_t = \sigma(W_{io}x_t + b_{io} + W_{yo}y_{t-1} + b_{yo}) \tag{6-6}$$

（2）这三个门分别与输入、记忆、输出相乘，得到计算中间值该时刻的输出和下一时刻的记忆。

$$c_t = f_t \odot c_{t-1} + i_t \odot \tanh(W_{ic}x_t + b_{ic} + W_{yc}y_{t-1} + b_{yo}) \tag{6-7}$$

$$y_t = o_t \odot \tanh(c_t) \tag{6-8}$$

这里的 $\odot$ 是 Hadamard product，它是两个形状相同的矩阵对应位置相乘的积，例如 $\begin{pmatrix}1 & 2 \\ 3 & 4\end{pmatrix} \odot \begin{pmatrix}0.1 & 0.5 \\ 0.3 & 0.7\end{pmatrix} = \begin{pmatrix}1\times0.1 & 2\times0.5 \\ 3\times0.3 & 4\times0.7\end{pmatrix} = \begin{pmatrix}0.1 & 1.0 \\ 0.9 & 2.8\end{pmatrix}$。

注意：因为很多情况下 LSTM 会看完整个序列再输出，中间的输出都无效，这时中间的输出便不适合称为 y_t，因此将公式中的 y_t 写成 h_t 是比较常见的，h_t 被叫作隐藏状态。

计算过程可视化如图 6-3 所示。

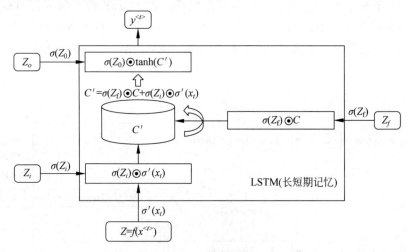

σ 一般取 sigmod，因为它可以将数据映射到 (0,1) 表示门的关与开。

图 6-3　LSTM 计算过程

相对于普通的循环神经网络，LSTM 多了 3 倍的参数量，用于控制代表 3 个门的运算，单层的运算从 $f(Wx+b)$ 变成多次的矩阵相乘、点积。

LSTM 可以叠多层，也可以是双向的。

6.1.4 在 PyTorch 中使用循环神经网络

尽管 LSTM 原理有些复杂,但在 PyTorch 中使用非常简单,使用 torch.nn.LSTM()就可以获得一个 LSTM 模型。我们之前提到,RNN 是共享参数的神经网络,但其和普通的全连接层在使用上并无区别,只是参数更少,因为它不是一次性接收所有输入,而是切分序列顺次接收,代码如下:

```
import torch

rnn_model = torch.nn.LSTM(input_size = 1000,hidden_size = 2000,batch_first = True)

dummy_sequence_data = torch.randn(100,128,1000)

#LSTM 返回值除了最后一次输出外还有中间每次的输出,放在 hn 中,要求模型有多输出以便以后用
#到,每次的记忆放在 cn 中
output, (hn, cn) = rnn_model(dummy_sequence_data)
```

当 batch_first 为 True 时要求的输入为[batch, sequcen_lenth, input_size],否则为[sequence_length, batch, input_size]。这里的 sequcen_lenth 和 input_size 是数据的组织方式,对图片而言是图片的高和宽,对文字而言是一句话的长度和每个字用数字表示的编码长度,对声频而言是声频的长度和声频每时刻的编码维度。

6.2 自然语言处理

6.2.1 WordEmbedding

神经网络就是一个巨型函数,输入是一段文字、一段声频、一张图片,输出是另一段文字、声频,例如翻译任务、语言生成任务。神经网络只能运算数字,其他类型的数据都需要使用数字(PyTorch 中为浮点数)表示才能运算,为了将文字转换成能运算的数字,我们需要对文字进行编码。

我们之前在表示图像的类别时使用了 One-Hot Encoding,文字编码也可以如此,我们将所有汉字标一个序号并转换为数字序列,然后将序号转换为位置信息并屏蔽大小差异,如图 6-4 所示。

文本	序号	one-Hot
	道: 0	道: [1, 0, 0, 0, 0]
	可: 1	可: [0, 1, 0, 0, 0]
道可道,非常道.名可名,非常名 →	非: 2 →	非: [0, 0, 1, 0, 0]
	常: 3	常: [0, 0, 0, 1, 0]
	名: 4	名: [0, 0, 0, 0, 1]

图 6-4 One-Hot 编码

这样做确实能将文字转换为数字，但 One-Hot 本身并不携带词义，猫和狗的 One-Hot 编码只能区分它们，却不能得知它们之间的相似性。

我们希望获得的是这样一种编码，词义相似的词汇的编码在向量空间中相距比较近，词义不同的词汇的编码在向量空间中相距比较远，如图 6-5 所示。这个编码显然不是按序号或 One-Hot 编码随机编的，我们希望有一个神经网络能够产生这样的编码，输入是词汇的序号或 One-Hot 编码，输出是它的 WordVector 编码。

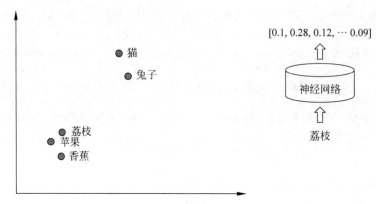

图 6-5　WordEmbedding

那么如何得到这个能输出编码的神经网络呢？词本无意，意由境生，可以采用上下文来学习。

让机器阅读大量的词句，如"中国的首都北京""美国的首都华盛顿""德国的首都柏林"……

虽然机器不知道中国、美国、首都是什么意思，但因为它们总是出现在一起，或者总是出现在相同的语境中，这样机器就可以知道它们之间有一定的关联，表现在向量空间中就是 WordVector(中国)-WordVector(北京) 和 WordVector(美国)-WordVector(华盛顿)，如图 6-6 所示。

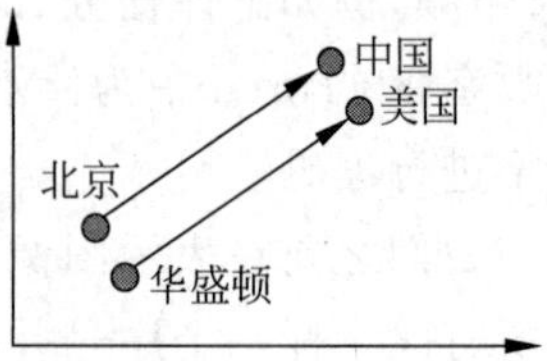

在实现上，有两种常用的 WordVector 生成方法。

1. 基于计数的 WordVector 生成

考虑下面 3 个词向量：

"苹果"：[0.1,0.1,1,0.9]

"香蕉"：[0.1,0.1,1,0.9]

"狐狸"：[0.6,0.7,0,0.7]

图 6-6　向量空间

如何表示两个向量的相似程度呢？有一种办法是做内积。

$$WordVector(苹果)\cdot WordVector(香蕉)=0.1*1+0.1*0.1*1+1*1+0.9*0.9$$
$$=1.92$$

$$WordVector(苹果)\cdot WordVector(狐狸)=0.1*0.6+0.1*0.7+1*0+0.9*0.7$$
$$=0.76$$

这样的结果是符合我们的预期的,苹果和香蕉的相似程度较大,而与狐狸的相似程度较小。

因此训练的方式就找到了,我们随机初始化所有词汇的向量,然后让其中任意两个词汇 A 和 B 之间的内积尽量接近它们在同一个文本中出现的次数 N(A,B),即

$$\text{WordVecor}(A) \cdot \text{WordVecor}(B) \rightarrow N(A,B) \tag{6-9}$$

我们可以使用梯度下降进行优化。

2. 基于预测的 WordVector 生成

构建一个神经网络,其任务是通过上一个单词预测接下来可能出现的单词,然后将这个神经网络的第一层拿出来,便是我们需要的 WordEmbedding 层,如图 6-7 所示。

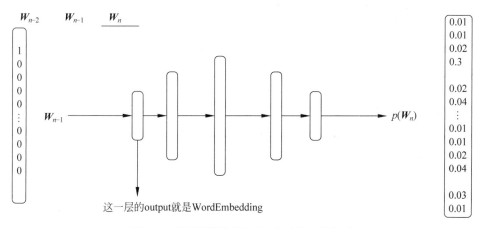

图 6-7 基于预测的 WordEmbedding 层生成

这里的 W_{n-1} 是上一个单词的 One-Hot Encoding,$p(W_n)$ 是当前位置上所有单词出现的概率,显然,前者是人为设置的,后者是通过大量文档统计的,模型的任务就是让自己的输出值接近这个 $p(W_n)$。

为何这个网络的第一层能作为编码?因为这个网络要能预测下一个单词,那么其输入层就要尽可能完整地表达词义,以传给网络的后面部分做预测。可以预见,如果输入层不能很好地表达原单词的意思,根据这个错误的表示进行预测也是片面的、错误的。

从另一个角度理解,如果当前单词是"苹果""香蕉",那么下一个单词是"好吃"的概率就会比较高,那么既然神经网络的目标是让苹果和香蕉都能预测出相同的词汇"好吃",那么不携带关联信息的苹果的 One-Hot 编码通过第一层之后就要被映射到接近的空间,如图 6-8 所示。

当然,即便对于人而言,只看一个词猜出后面是什么词都是困难的,如果你要使用这个方法,就需要增加模型的输入,例如让其看过 10 个词再预测下一个词是什么。

只看前面一个字词猜后面一个字词:得_____ W_n。

看前面 10 个字词猜后面一个字词:不慌,因为他的马没我的跑得_____ W_n。

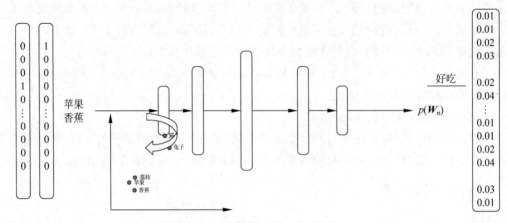

图 6-8　理解 WordVector 原理

需要注意的是，这里输入 10 个 One-Hot 编码共享的是同一个输入层，而不是叠加一个 10 个词那么宽的输入层。

可能你已经想到了，我们填空又不是总是填句子的末尾，填中间或两边不行吗？

当然可以，但这种方法换了个名字叫连续词袋模型（Continuous Bag of Word，CBOW）和 Skip-Gram，如图 6-9 所示。

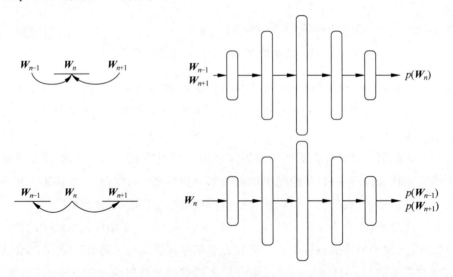

图 6-9　连续词袋模型和 Skip-Gram

由于 Bert 和自然语言处理预训练模型的出现，这些训练方法已经不是主流，但其思想方法仍值得学习。

6.2.2 Transformer

尽管 RNN 是应对序列数据的一种方法,但其很难并行化。目前的 Bert、GPT-3 等大型 NLP 网络都来自另一种架构——Transformer。

之前处理序列数据有一种比较流行的架构 SequenceToSequence Model,它分为两个部分:编码器和解码器,编码器分析输入序列,解码器生成输出序列,如图 6-10 所示。

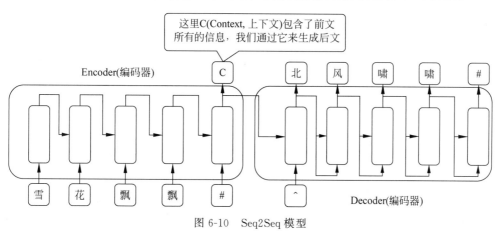

图 6-10 Seq2Seq 模型

这里的^和#代表句子的开头和结尾,通常我们会定义开头和结尾为特殊字符。

这个架构是无监督学习,只需收集很多对话,让编码器和解码器同时训练。而我们之前所讲解的网络训练都是监督学习,必须有答案模型才能优化。

而 Transformer 最早出自谷歌 2017 年的一篇论文 *Attention is All You Need*,其架构和 Seq2Seq 模型一样,有着编码器和解码器,其特殊之处在于其提出的一种新的层——Self-Attention Layer。这种层既能像双向 RNN 那样提取整个序列中的信息,又可以并行运算。

例如我们现在要做一个翻译任务,有这么一句话 The dominant sequence transduction models are based on complex recurrent or convolutional neural networks that include an encoder and a decoder. The best performing models also connect the encoder and decoder through an attention mechanism。

当模型的 Encoder 部分分析了原文并传递给解码器生成结果时,我们需要输出的第一个词是"主流",这时候我们应该看原文的哪里呢?很显然,有两个地方,一个是 dominant,它有首要的、占支配地位的意思,这个单词对输出的第一个词起主要作用,但我们知道将英文翻译成中文都是一词多义的,例如当 dominant 修饰的是基因的时候,它的意思就是显性基因,作名词时还有音乐全阶第五音的意思,因此在原句中,它修饰的名词 models 也起到了一定的作用,而更远的、下一句话中的 connect 则对开头的翻译没有什么贡献,如图 6-11 所示。

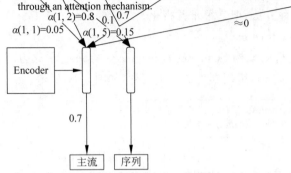

图 6-11　Attention

这里的 0.8、0.15、0.05 就是所谓的 Attention(注意力)，通常用 $\alpha(i,j)$ 来表示。

当我们需要生成第二个词的时候，sequence 对结果起主要作用，因此 $\alpha(2,3)$ 比较大而 Self-Attention 是指为了得到自身词义而进行的 Attention。

在 Seq2Seq 模型中，编码器负责解析原文并将其传递给解码器，这就要求它传递给解码器的张量含有原句的尽可能完整的信息。为此，我们进行从原文到原文的 Attention，确保编码器能够完成这个转换。

The animal didn't cross the street because it was too tired. 这句话的意思是"那个动物没办法穿过街道，因为它太累了"，我们知道这句话中 it 作为形式主语代指的是 The animal，所以 The animal 和 it 的关联很强，表现在 Self-Attention 上就是它们之间的数值比较大。

而 The animal didn't cross the street because it was too wide. 的意思是"那个动物没办法穿过街道，因为它太宽了"，这句话中 it 作为形式主语代指的是 street，神奇的是当你用训练好的模型输出 attention 时你会发现 it 和 street 的关系变强。两句话的 Self-Attention 分析如图 6-12 所示。

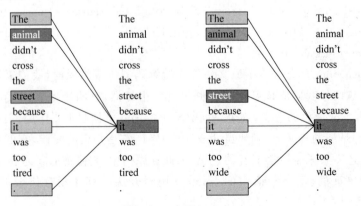

图 6-12　Self-Attention

对于一个序列,输出某维度 y_i 的计算过程如下:

(1) 将输入序列通过 WordEmbedding 层编码,获得 $x_1, x_2, \cdots, x_n$。

(2) 每个 $x_1, x_2, \cdots, x_n$ 通过线性变换计算 3 个张量 q(query)、k(key)、v(value):$[q^i, k^i, v^i] = [w^q, w^k, w^v] x^i$。

(3) 通过 q、k、v 计算两两之间的 Attention:$\alpha_{(i,k)} = \dfrac{q^i \cdot k^{i^T}}{\sqrt{d}}$。

(4) 计算结果 y_i:$y_i = \sum\limits_k \alpha'_{(i,k)} \times v_i$。

其中计算 y_1 的过程如图 6-13 所示。

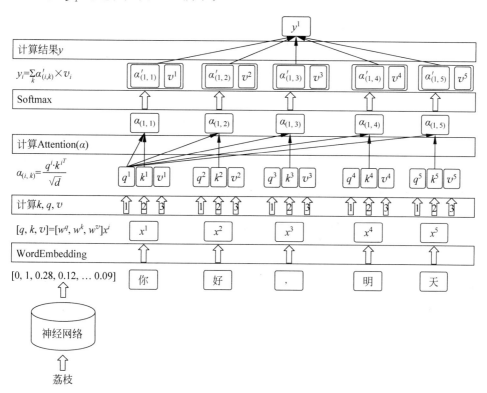

图 6-13 y_1 计算过程

整个序列计算过程如图 6-14 所示。

在实现上,这里的 q 不止一个,称为 Muti-Head Attention。另外我们发现 Attention 就是指考虑某个位置对结果的重要程度,如果是 0,代表不考虑。只要 Attention>0,不管在序列中离它多远的元素都能被看到,这样就没有原序列的位置信息了,正如天涯若比邻,因此实现上会在 WordEmbedding 上加上 PositionEncoding,让 x 回想其在序列中的位置,它是手动设置的,并非是模型学习的。

而整个 Transformer 架构,Encoding 部分是 AttentionLayer 和全连接层,重复 N 次。

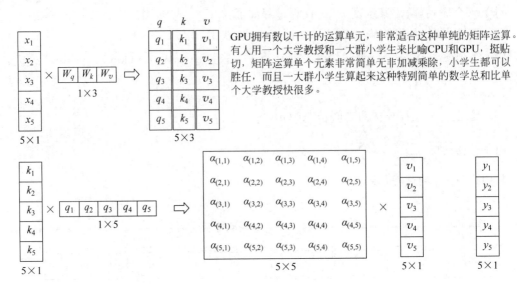

图 6-14 并行加速的 Self-Attention

Decoder 部分对输入序列和产生的所有结果进行 Attention 再通过 AttentionLayer 和全连接层，重复 N 次，最后输出模型的预测值（例如紧接着输入序列的下一个词汇）。

6.2.3 在 PyTorch 中使用 Transformer

尽管原理有些复杂，但在 PyTorch 中使用 nn.Transformer 函数便可以得到一个 Transform 模型，且模块化可自由修改，代码如下：

```
transformer_model = torch.nn.Transformer(nhead=16, num_encoder_layers=12)
src = torch.rand((10, 32, 512))
tgt = torch.rand((20, 32, 512))
out = transformer_model(src, tgt)
```

第 7 章 算法基础

在第 3 章已经多次强调,在数学可行的办法不一定能编程实现,因为计算机是物理实体,不能进行"无限"操作。

即便是有限次的操作,但在计算机和编程中,仍有许多可解但不可求解的问题。目前来说,算法复杂度是指数的算法即便结果是正确的,它们通常也被视为无效的算法。尽管有些问题确实只有指数复杂度的解,但幸运的是神经网络中的梯度计算可以通过动态规划降低复杂度。

7.1 递归

递归即函数自己调用自己,往往每一次调用都会减小问题的规模,直到答案可以直接给出,往往其形式简明却效率低下,可以作为改良的基础。

笔者个人在测试耗时操作的时候,常用到斐波那契数列的递归版本来测试,因为此函数非常简单,而且非常低效耗时。斐波那契数列是指 0、1、1、2、3、5、8、13、21、34…这么一个数列,满足 $\text{fib}(n)=\text{fib}(n-1)+\text{fib}(n-2)$。

它有一个简明的递归版本,代码如下:

```
def fib(n):
    return fib(n - 1) + fib(n - 2) if n > 1 else n
```

这里使用一个与英语语法类似的语法糖,意思是:若 $n>1$ 则返回 $\text{fib}(n-1)+\text{fib}(n-2)$,否则返回 n。例如调用 $\text{fib}(10)$ 时,经判断 $10>1$,则调用 $\text{fib}(9)+\text{fib}(8)$;调用 $\text{fib}(9)$ 时,经判断 $9>1$,则调用 $\text{fib}(8)+\text{fib}(7)$……直到调用到 $\text{fib}(1)+\text{fib}(0)$,返回 1 和 0,各级调用反向依次获得返回值,最后 $\text{fib}(10)$ 获得 $\text{fib}(9)+\text{fib}(8)=13+21$ 并返回 34,调用结束。

提示:编写递归函数的要点是递归基(递归退出的条件,如这里的 $\text{fib}(1)$ 和 $\text{fib}(0)$)和递推公式(如这里的 $\text{fib}(n)=\text{fib}(n-1)+\text{fib}(n-2)$)。

虽然看起来巧妙,但其复杂度高达 $O(2^n)$,若传入 $\text{fib}(40)$ 即便使用 C/C++ 实现也会明显感到计算机卡顿，这是因为递归的过程计算了许多重复的项，如图 7-1 所示。

- 斐波那契数列：0、1、1、2、3、5、8、13、21、34…
- 表达式：fib(*n*)=fib(*n*−1)+fib(*n*−2)，即每一项都是前两项的和
- 有两种计算方向，从大到小算和从小到大算

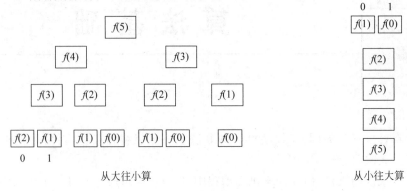

图 7-1　斐波那契数列

7.2　动态规划

7.2.1　定义

动态规划是指将问题分解为无后效性的一系列子问题，并按顺序求解的思路。从效果上讲，动态规划能够避免求解重叠子问题。从实现上讲，动态规划没有固定的模式（与 BFS、递归相对），需要具体问题具体分析。

实现上，总是使用一个数组来保存子问题的解，之后在需要它们时直接读取结果而不是再计算一遍，例如斐波那契数列的动态规划版本，代码如下：

```
#Chapter07/07-1/1.fib.py

def fib(n):
    memory = []
    memory.append(0)
    memory.append(1)
    
    for i in range(2, n):
        memory.append(memory[i - 1] + memory[i - 2])
    return memory[n - 1]
```

这个算法的复杂度是 $O(n)$，也就是线性复杂度，不要说计算 fib(40)，即便计算 fib(40000) 也只不过是眨眼间的事情（若采用递归版本，即便在数学上仍可证明是正确的，但程序理论运行时间极可能远超宇宙的年龄）。

对斐波那契数列而言，其 $f(n)$ 只与前两项有关，所以其实没有必要保存一个长度为 n 的数组，简化代码如下：

```
def fib_dp(n):
    a, b = 0, 1
    for i in range(n - 1):
        a, b = b, a + b
    return a

print(fib(10))
```

不过若是 $f(n)$ 需要 $f(1), f(2), \cdots, f(n-1)$，则确实需要将之前所有子问题的解保存到一个数组中。

7.2.2　子问题

我们考虑一个经典问题，现有足够数量的面值为 2、5、7 的硬币，求总面额为 27 的最少硬币组合。

假若采用贪心的策略，即认为 $f(n)$ 只与 $f(n-1)$ 有关，则无法得到最优解。贪心的思路为既然要求我用最少的硬币，那么我尽量选择大面值的硬币，7×3，剩下的面额 6 可以使用 3 个 2，这样使用 6 枚硬币得到 27，然而此题答案为 $7+5+5+5+5$，使用 5 枚硬币。

在用动态规划解决问题时，需要确定子问题。设 $f(x)$ 为最少拼出 x 的硬币数，这些硬币中有一个为 a_i，则能拼出 $27-a_i$ 的最少硬币数为 $f(x-a_i)=f(x)-1$。这里虽然看上去理所当然，但仍然需要证明：若有 $S<K-1$ 枚硬币能拼出 $x-a_i$，则最少有 $S+1$ 枚硬币就可拼出 $27-a_i+a_i=27$，但是 $S+1<f(x)-1+1=f(x)$，与假设"$f(x)$ 为最少拼出 x 的硬币数"不符，即假设若成立，则能拼出 $27-a_i$ 的最少硬币数必然为 $f(x)-1$。因此找能拼出 27 的最少硬币组合就变成了能拼出 $27-a_i$ 的最少硬币组合 +1，这个与原问题结构一样但规模更小，其解组成原问题解的问题称为子问题。

例如对于斐波那契数列中的 $f(n)$ 而言，$\mathrm{fib}(n-1)$ 和 $\mathrm{fib}(n-2)$ 是子问题，这两个子问题的解可以得到问题的解。

对于硬币而言，因为 a_i 可以取 3 个值，子问题也有 3 个，而结果是最小的那个，即
$$f(x)=\min f(x-2)+f(x-5)+f(x-7)+1$$
同样，这个问题可以使用递归实现。

注意：对于初学者，找出状态转移方程（递推公式）之后，可以先写递归版本，再改成动态规划版本。

其递归版本代码如下：

```
# Chapter07/07 - 1/2.dp.py
```

```python
def f(x):
    if x == 0:
        return 0
    result = float("inf")
    if x >= 2:
        result = min(f(x - 2) + 1, result)
    if x >= 5:
        result = min(f(x - 5) + 1, result)
    if x >= 7:
        result = min(f(x - 7) + 1, result)
    return result
```

和斐波那契数列一样,这个简明的递归版本也重复计算了许多次子问题,通过将计算结果保存下来,并改变计算顺序,修改成动态规划的版本,代码如下:

```python
# Chapter07/07-1/2.dp.py

def f_dp(x):
    memory = [0]
    for i in range(1, x + 1):
        memory.append(min(memory[i - 2] + 1 if i - 2 >= 0 else float("inf"),
                          memory[i - 5] + 1 if i - 5 >= 0 else float("inf"),
                          memory[i - 7] + 1 if i - 7 >= 0 else float("inf")))
    return memory[x]
```

第一句定义初始条件,实际上是转移方程无法求出的解(如 $f(0)=0$),而边界条件是 $x>0$,当 $x<0$ 时为∞。而在递归中,递归基同时起到设定初始值和退出条件两个作用。值得一提的是,因为编程语言中的序号从 0 开始,而我们需要求 x,就需要开辟 $x+1$ 大小的数据存储子问题的解(虽然在 Python 中数据是动态的,但仍需要使用 $x+1$ 控制循环次数)。

测试代码如下:

```python
print(f_dp(27))
```

输出如下:

```
5
```

使用动态规划解决问题的四要素:子问题、状态转移方程、初始值、边界条件。

7.3 栈和队列

神经网络反向传播的过程需要使用合适的方式遍历参数并更新其梯度。遍历树和图的方式有使用栈的深度优先搜索和使用队列的广度优先搜索。

7.3.1 使用递归进行目录遍历

在第 2 章中提到使用 os.walk() 可以进行目录的遍历,却没有说明此函数的原理,因为遍历未知嵌套层数的目录需要用到递归的知识。

递归的两个要素：递归退出条件和规模更小的自身调用。对目录进行遍历的退出条件是当前目录中没有子目录,规模更小的自身调用即对当前目录的子目录调用遍历函数。在实现上,往往递归分为供人调用的 API 和内部包含递归参数的函数,代码如下：

```python
# Chapter07/07-4/1.walk_recursion.py

import os


def walk(path: str) -> list:
    result = []
    _walk(path, result)
    return result


def _walk(path: str, result: list):
    files_and_dirs = os.listdir(path)
    files = []
    dirs = []
    for item in files_and_dirs:
        if os.path.isfile(os.path.join(path, item)):
            files.append(item)
        elif os.path.isdir(os.path.join(path, item)):
            dirs.append(item)
    result.append((path, dirs, files))
    for dir in dirs:
        _walk(os.path.join(path, dir), result)
```

7.3.2 调用栈

栈是一种操作受限的线性表,仅可在栈顶进行增加和删除操作,它类似一个储物箱,后放进去的东西会被先拿出来,使用递归,实际上就是利用一个特殊的栈,也就是系统栈(调用栈),当函数执行时会被压入栈中,返回时会进行弹栈,fib(3)的执行过程如图 7-2 所示。

当使用栈保证了嵌套函数调用时,最后一层的调用第一个返回,最外层的调用最后返回。

使用 PyCharm 的 Debug 功能能看到这个调用栈,在代码中加一个断点(单击行号右侧或使用快捷键 Ctrl+F8),并单击 Debug 按钮(快捷键 Shift+F9),如图 7-3 所示。

则可以在 Debug 栏看到调用栈,如图 7-4 所示。

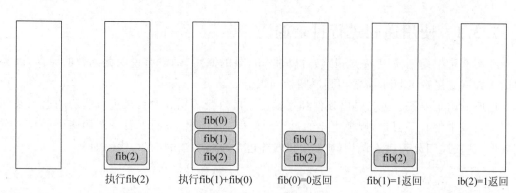

图 7-2　fib(3)的调用过程

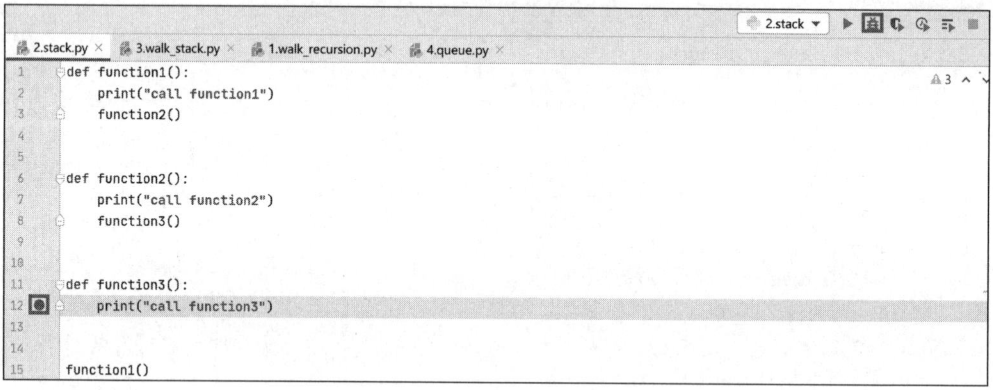

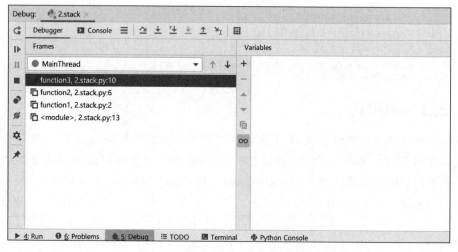

图 7-3　断点 Debug

图 7-4　使用 Debug 查看调用堆栈

在 Python 中可以将列表用作栈，因为使用列表的 append 方法可以在尾部添加一个元素，pop 可以弹出最后一个元素，代码如下：

```python
#Chapter07/07-4/2.stack.py

function_stack = []


def function1():
    function_stack.append("function1")
    print("call function1")
    function2()
    print(function_stack.pop() + " return")


def function2():
    function_stack.append("function2")
    print("call function2")
    function3()
    print(function_stack.pop() + " return")


def function3():
    function_stack.append("function3")
    print("call function3")
    print(function_stack.pop() + " return")


if __name__ == '__main__':
    function1()
```

输出如下：

```
call function1
call function2
call function3
function3 return
function2 return
function1 return
```

除了调用栈，栈还有很多用途，例如用于深度优先搜索、求解表达式等。

7.3.3 使用栈进行目录遍历

在遍历的过程中，如果看到文件夹，就将其压入栈中，等会弹出来遍历，代码如下：

```python
# Chapter07/07-4/3.walk_stack.py

import os


def walk(path: str) -> list:
    result = []
    stack = [path]

    while len(stack) > 0:
        current_path = stack.pop()
        files_and_dirs = os.listdir(current_path)
        files = []
        dirs = []
        for item in files_and_dirs:
            if os.path.isfile(os.path.join(current_path, item)):
                files.append(item)
            elif os.path.isdir(os.path.join(current_path, item)):
                dirs.append(item)
                stack.append(os.path.join(current_path, item))

        result.append((current_path, dirs, files))

    return result
```

这种方式因为队列是后进先出的,遍历中子文件夹压栈,会比当前文件夹的其他同级文件夹先弹出来进行遍历,因此实际上是树的深度优先搜索(Depth First Search,DFS)。

7.3.4 队列

和栈一样,队列是一种操作受限的线性表,它在队尾插入元素,在队首弹出,它类似一个队伍,先到先服务。队列亦有非常广泛的应用,例如 CPU 调度、广度优先搜索。

通常 CPU 的核心数目远少于线程数,6 核的 CPU 上可能运行着几百个线程,要让它们看起来是在同时执行,就需要时间片轮转调用,例如设置 10ms 为一个时间片,每个进程运行 10ms 就换另一个,因为切换的速度比较快,在用户看来,就好像有许多个进程同时在执行。

当一个线程分到了时间片,运行结束以后,就要被放到队列的尾端,这时候从队伍最前面的线程开始执行。在 Python 中,使用列表的 append 和 pop(0)方法就可将其当作队列使用,代码如下:

```python
# Chapter07/07-4/4.queue.py

class Thread:
```

```python
    def __init__(self, thread_name):
        self.thread_name = thread_name

    def run(self):
        print("run {}...".format(self.thread_name))


if __name__ == '__main__':
    threads = []

    threads.append(Thread("thread1"))
    threads.append(Thread("thread2"))
    threads.append(Thread("thread3"))

    thread = threads.pop(0)
    thread.run()
    threads.append(thread)

    thread = threads.pop(0)
    thread.run()
    threads.append(thread)

    thread = threads.pop(0)
    thread.run()
    threads.append(thread)
```

输出如下:

```
run thread1...
run thread2...
run thread3...
```

7.3.5　使用队列进行目录遍历

仅改动 pop 为 pop(0),代码如下:

```
# Chapter07/07 - 4/5.walk_queue.py

import os
```

```python
def walk(path: str) -> list:
    result = []
    stack = [path]

    while len(stack) > 0:
        current_path = stack.pop(0)
        files_and_dirs = os.listdir(current_path)
        files = []
        dirs = []
        for item in files_and_dirs:
            if os.path.isfile(os.path.join(current_path, item)):
                files.append(item)
            elif os.path.isdir(os.path.join(current_path, item)):
                dirs.append(item)
                stack.append(os.path.join(current_path, item))

        result.append((current_path, dirs, files))

    return result


print(walk(".."))
```

和使用栈思路一样，但是效果不同，因为子文件夹被放在队尾，所以同级文件夹先遍历完才轮到子文件夹，因此实际上是树的广度优先搜索（Breadth First Search，BFS）。

7.4 树

线性表中的节点是一对一的，但树的节点是一对多的，如图 7-5 所示。

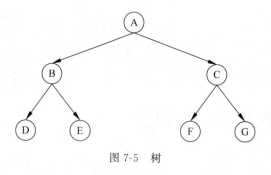

图 7-5 树

树中唯一没有父节点的节点称为树的根（Root），在图 7-5 中，A 是这棵树的根，没有子节点的节点称为树的叶子（Leaf）。

例如 C 盘下的文件构成一棵树，根是"C："，叶子是一个个文件，在 C 盘根目录使用 tree 命令可以查看文件目录树，如图 7-6 所示。

```
PS C:\> tree
文件夹 PATH 列表
卷序列号为 76DD-D3B9
C:.
├─kingsoft
│  └─wps
│      └─dcsdk
└─LVM
    ├─bin
    ├─include
    │  ├─clang-c
    │  └─llvm-c
    └─lib
        └─clang
            └─1.0.0
                └─include
                    ├─cuda_wrappers
                    └─fuzzer
```

图 7-6　文件目录树

7.5　图

7.5.1　有向无环图和计算图

虽然在 PyTorch 的计算图文档中使用叶子、根这样的说法,但实际上神经网络用于计算梯度的计算图是一个有向无环图而非树。

树中的节点是一对多的,而图中的节点是多对多的。"有向无环"则意味着该图的边是有方向的(例如可以代表数据的流动方向),且不能形成回路,即没有一条路径可以从自己出发,然后回到自己。一个有向无环图如图 7-7 所示。

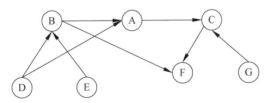

图 7-7　有向无环图

神经网络中的计算图是一个的有向无环图,其中的节点为运算(如加、减、矩阵乘法、取自然指数),边代表数据的流向,通过将 x、kernel、b 代入值,按计算图可以得到 z,如图 7-8 所示。

$$a = \mathrm{conv}(x) + x$$

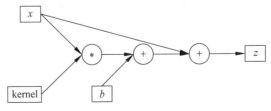

图 7-8　计算图

这里的 x、kernel、b 是方框，这是因为它们是特别的"运算"，被视为赋值运算。

神经网络计算图的特点是只有一个标量输出 loss，且输入计算图的张量为只有出边而没有入边的节点，因此 PyTorch 官网"根""叶子"的说法是比较直观的。

反向传播时，需要逆着计算图的方向依次累乘梯度，如图 7-9 所示。

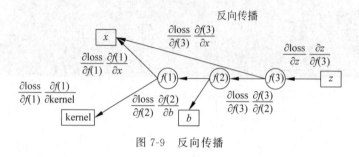

图 7-9　反向传播

7.5.2　邻接表实现图

图可以使用邻接矩阵或邻接表实现，前者使用一个 $n \times n$ 的矩阵记录边，若 m、n 两个节点有边则该矩阵 $[m,n]$ 为 1，否则为 0，此种方法较简单直观，但图的节点往往并不总是有关系，例如中国大约有 14 亿人，但其中一个人可能只认识 1000～10 000 个人，如果使用稀疏矩阵记录人与人的朋友关系，那么这个矩阵中大部分都是 0，浪费空间。后者通过在节点中记录指向自己的节点和自己指向的节点来记录关系，较常用。

在 Python 中定义一个类 Node，通过两个列表记录它邻接的节点，代码如下：

```
class Node:
    def __init__(self, id):
        self.id = id
        self.previous_nodes = []
        self.next_nodes = []
```

定义类 Graph，用一个字典按 id 存储 Node，并添加 add_edge 方法添加边，同时添加两端的 Node（也就是不会出现孤立节点），代码如下：

```
#Chapter07/07-4/6.graph.py

class Graph:
    def __init__(self):
        self.Nodes = {}

    def add_edge(self, tail: Node, head: Node) -> None:
        if tail.id not in self.Nodes:
            self.Nodes[tail.id] = tail
        if head.id not in self.Nodes:
```

```python
        self.Nodes[head.id] = head

    self.Nodes[tail.id].next_nodes.append(head)
    self.Nodes[head.id].previous_nodes.append(tail)
```

遍历代码:

```python
def traverse(self):
    for node_id in self.Nodes:
        print(
            "{}:{}".format(node_id, ",".join([str(next_node.id) for next_node in self.Nodes[node_id].next_nodes])))
```

用其表示图 7-7,代码如下:

```python
if __name__ == '__main__':
    graph = Graph()
    A = Node("A")
    B = Node("B")
    C = Node("C")
    D = Node("D")
    E = Node("E")
    F = Node("F")
    G = Node("G")

    graph.add_edge(A, C)
    graph.add_edge(B, A)
    graph.add_edge(B, F)
    graph.add_edge(C, F)
    graph.add_edge(D, B)
    graph.add_edge(D, A)
    graph.add_edge(E, B)
    graph.add_edge(G, C)

    graph.traverse()
```

输出如下:

```
A:C
C:F
B:A,F
F:
D:B,A
E:B
G:C
```

7.5.3 实现计算图

将图升级为计算图并不需要更改图的代码,实际上也用不到图,只需要它的 add_edge 方法建立节点的关系,以及保存节点的引用让其中的节点不至于被当作垃圾回收,因此实例化一个 graph 作为全局变量,代码如下:

```
graph = Graph()
```

设计 Function 类继承 Node,并添加 forward 和 backward 方法,forward 为 $f(X_1, X_2, \cdots, X_n)$,backward 为 $\frac{\partial \text{grad}}{\partial f}\left(\frac{\partial f}{\partial X_1}, \frac{\partial f}{\partial X_2}, \cdots, \frac{\partial f}{\partial X_n}\right)$ 代码如下:

```python
class Function(Node):
    def forward(self, *argv):
        pass

    def backward(self, grad):
        pass
```

节点"乘法"继承 Function 类,重写这两个方法,代码如下:

```python
# Chapter07/07-4/7.compute_graph.py

class Multiply(Function):
    def forward(self, x: Tensor, y: Tensor) -> Tensor:
        result_tensor = Tensor(x.data * y.data)
        graph.add_edge(self, result_tensor)
        return result_tensor

    def backward(self, grad):
        x_node: Tensor = self.previous_nodes[0]
        y_node: Tensor = self.previous_nodes[1]

        x_node.backward(grad * y_node.data)
        y_node.backward(grad * x_node.data)
```

为了让用户不必自己更新计算图,添加一个 API,代码如下:

```python
# Chapter07/07-4/7.compute_graph.py

def multiply(x: Tensor, y: Tensor):
    multiply_node = Multiply(IndexGetter.get_id())
    graph.add_edge(x, multiply_node)
    graph.add_edge(y, multiply_node)
    return multiply_node.forward(x, y)
```

同样可以写出节点"加法",代码如下:

```
# Chapter07/07-4/7.compute_graph.py

class Add(Function):
    def forward(self, x: Tensor, y: Tensor) -> Tensor:
        result_tensor = Tensor(x.data + y.data)
        graph.add_edge(self, result_tensor)
        return result_tensor

    def backward(self, grad):
        x_node: Tensor = self.previous_nodes[0]
        y_node: Tensor = self.previous_nodes[1]

        x_node.backward(grad * 1)
        y_node.backward(grad * 1)

def add(x: Tensor, y: Tensor):
    add_node = Add(IndexGetter.get_id())
    graph.add_edge(x, add_node)
    graph.add_edge(y, add_node)
    return add_node.forward(x, y)
```

在反向传播的时候,并不需要手动遍历图,因为 add_edge 建立了节点间的关系,在 backward 中就可以找到输入节点并调用它们的 backward 方法,如果是一个 Function,它会递归调用自己 previous_nodes 的 backward 并传入 $\frac{\partial \text{grad}}{\partial f}\left(\frac{\partial f}{\partial X_1}, \frac{\partial f}{\partial X_2}, \cdots, \frac{\partial f}{\partial X_n}\right)$;如果这个输入节点是一个张量,那么其 backward 的时候先更新自己的梯度,再调用自己的 previous_nodes(实际上只有一个,那就是产生它的 Function)的 backward,直到到达"叶子"节点,其 previous_nodes 为空,传播结束。用 Tensor 实现的代码如下:

```
# Chapter07/07-4/7.compute_graph.py

class Tensor(Function):
    def __init__(self, data):
        super().__init__(IndexGetter.get_id())
        self.data = data
        self.grad = 0

    def backward(self, grad=1):
        self.grad += grad
        for previous_node in self.previous_nodes:
            previous_node.backward(grad)
```

测试代码如下:

```python
if __name__ == '__main__':
    w = Tensor(2)
    x = Tensor(1)
    b = Tensor(0.5)

    y = add(multiply(w, x), b)

    y.backward()
    print("w.grad:{}".format(w.grad))
    print("x.grad:{}".format(x.grad))
    print("b.grad:{}".format(b.grad))
```

输出如下:

```
w.grad:1
x.grad:2
b.grad:1
```

第 8 章 C++ 基础

凡我不能创造的，我就不能理解。

——理查德·菲利普斯·费曼

相信通过之前的章节，你已经能够使用神经网络了，但我们毕竟是在使用别人写好的框架，要想真正地理解深度学习的原理和细节，自己手写一个深度学习框架是一个有效的方法。

目前的主流深度学习框架底层均采用 C/C++ 编程语言，因此本章介绍 C++ 基础，且假定读者已经掌握了前文所提的 Python 语法。若你已经能够熟练地使用 C++，那么可以轻松地跳过本章。介于 C++ 的语法相当庞杂，本节仅介绍基础部分，一些必要的特性等到用到时再讲。

8.1 C++ Hello World

8.1.1 C++ 的优缺点

1．优点

运行速度快，能够精准地控制内存资源，应用广泛。

2．缺点

编译速度慢，头文件与源文件分离，语法繁杂，没有完整的反射。本书将使用符合工程规范的 C++，例如不使用 using 指示和内联命名空间，而是使用常引用等。

8.1.2 安装 C++ 编译器和开发环境

（1）在浏览器中访问 https://visualstudio.microsoft.com/，在"下载 Visual Studio"下拉菜单中选择 Community 2019 命令（如图 8-1 所示），进入下载页面自动下载 Visual Studio 即可在线安装包。

（2）在弹出的权限申请对话框中选择"是"，在 Visual Studio 弹出的对话框中单击"继续"按钮。

图 8-1　Visual Studio 官网

(3) 勾选"使用 C++ 的桌面开发"并开始安装,如图 8-2 所示。

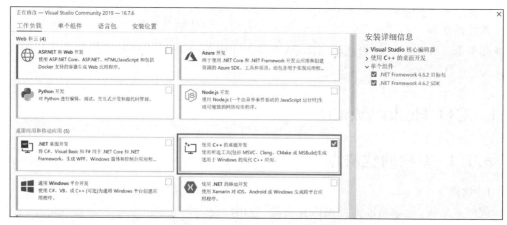

图 8-2　Visual Studio 安装选项

(4) 安装完成后重启计算机

(5) 单击"开始"按钮,搜索 Visual Studio,在 Visual Studio 2019 的按钮上右键选择"打开文件位置"。

(6) 将打开的文件夹中的快捷方式拖动到桌面或右击图标→发送到→桌面快捷方式。

(7) 双击桌面上的 Visual Studio 图标便可以打开开发环境。注册并登录微软账号可以免费使用 Visual Studio 社区版。

8.1.3　Hello World 程序

(1) 打开 Visual Studio 程序,单击 Create New Project 按钮,选择 Empty Project(可在

搜索栏搜索此名称),单击 Next 按钮,输入项目名称和路径后单击 Create 按钮创建并打开项目。

(2) 右键单击源文件并选择 Add→New Item,如图 8-3 所示。

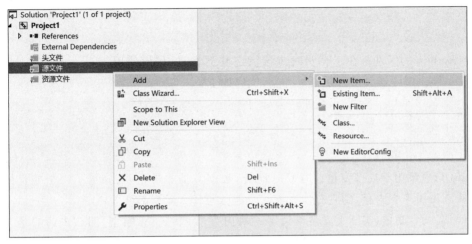

图 8-3　新建源文件

(3) 选择"C++文件",输入文件名并单击"添加"按钮。

(4) 在打开的文本编辑器中输入 C++源代码,以向控制台打印字符串 Hello World,代码如下:

```
#include <cstdio>              //引入头文件(相当于 Python 中的 import)

int main() {                   //C++规定程序从名称为 main 的函数开始执行
    printf("Hello World");     //输出字符串 Hello World
}
```

(5) 使用快捷键 F5 或单击工具栏的 Local Windows Debugger 按钮编译并运行程序。如果一切顺利,此时会弹出一个黑底白字的对话框,输出 Hello World。乍看之下,C++源代码和 Python 源代码非常相似,只是使用分号和大括号更严格地划定语句和代码段,且 def 关键字换成表示函数返回值的 int。

注意:这里没有介绍 C++创新的 iostream 和流,因为几乎没人用而且确实不好用。

8.2　C++ 语法基础

8.2.1　数据类型和变量

C++是静态语言,这意味着每个变量的类型在任何时候都应该是确定的,如果这是一个对象，那么针对它的各种操作也都可以由开发环境提示出来。

声明变量的代码如下：

```
int number = 10;
float price = 1.5;
bool is_running = true;
```

与 Python 的区别就在于声明时应该指定其类型，但如果使用 auto 关键字，则可以像 Python 一样让编译器自动推断变量类型，代码如下：

```
auto a = 10;
auto b = 1.5;
auto c = false;
```

auto 只应该用于局部变量。对 C++ 而言，数据类型非常重要，知道了一个变量的数据类型，从它占用多少内存，到它有什么方法及能参与什么运算都可以确定。

声明了一个变量，实际上就是申请了一块内存，如果是 int 类型，那么申请的是 4 字节内存（此值与编译器有关，但相同环境是固定的），如果是 double 类型，那么申请的是 8 字节内存。不过需要注意的是，变量名仅仅对人来说是一块地址的代号，对机器是没有意义的，这与后面介绍的指针不同。当写出代码 int a = 10; 的时候，程序员可以通过变量名 a 操作申请的那 4 字节空间里的数据（此处里面存放了 10），但编译成二进制文件之后，变量名就变成了地址的偏移（想象运行时属于一个程序的内存被划分了许多块，变量 a 占着第 k 块），没有一块地方存储这个名字 a，自然机器也没有办法通过这个名字 a 操作内存的数据。

数据类型分两种：简单数据类型和复杂数据类型（自定义数据类型）。

简单数据类型是编译器内置的数据类型，包括：①int：整数；②float：浮点数；③bool：布尔值（是或否）等。还有一些比较特别的，以 _t（type 的简写）结尾的，如 size_t，它是特殊的无符号整数，上限为数组最大支持的尺寸。nullptr_t 是空指针 nullptr 的类型。

8.2.2 常量

常量使用 constexpr 修饰，声明时就需要赋值，并且之后不可以更改，否则会报错，代码如下：

```
constexpr float pi = 3.14;
```

8.2.3 条件判断

使用关键词 if-else，格式如下：

```
if (条件){
    满足条件的操作
```

```
}else{
    其他情况的操作
}
```

代码如下:

```cpp
//Chapter08/08-2/1.if-else.cpp

#include<iostream>

int main() {
    int height = 140;
    float price_off = 0.0;

    if (height <= 120){
        price_off = 1;
    }else if (height <= 140){
        price_off = 0.5;
    }else{
        price_off = 0.0;
    }
    printf("Height:%d,price off:%f",height,price_off);
    return 0;
}
```

8.2.4 运算符

1. 算术运算符

常见的算术运算符有＋(加)、－(减)、＊(乘)、/(除)、％(取余)及对应的＋＝、－＝、＊＝、/＝、％＝，这些与 Python 中的运算符相同,以及＋＋(自增)、－－(自减),其中＋＋相当于＋＝1,－－相当于－＝1,代码如下:

```
nt i = 10;
i++;     //i = 11;
i += 1;  //i = 12;
```

2. 逻辑运算符

常用的有 &&(与,如果同时为真,则结果为真)、||(或,如果任一为真,则结果为真)、!(非,真变假,假变真)。

3. 三元运算符

三元运算符格式如下:

```
条件?选项1:选项2;
```

当条件为真时运行选项 1,当条件为假时运行选项 2,如求绝对值的代码如下:

```
float abs(float x) {
    return x > 0 ? x : 0;
}
```

等价于:

```
float abs(float x) {
    if (x > 0)
    {
        return x;
    }
    else {
        return 0;
    }
}
```

8.2.5 循环

C++中常用的循环有 2 种:for 循环和基于范围的 for 循环,后者常用于遍历集合,且不可更改正在遍历的集合中的元素。此外还有 while 循环、do-while 循环、for each 循环。

1. for 循环

语法格式如下:

```
for(循环控制变量初始值;循环条件;改变循环控制变量的表达式){
    循环体
}
```

例如计算 $1+2+\cdots+100$ 的代码如下:

```
int sum = 0;
for (int i = 1; i <= 100; ++i) {
    sum += i;
}
printf("1 + 2 + ... + 100 = % d", sum);
```

2. 基于范围的 for 循环

常用于遍历集合类,语法格式如下:

```
for(元素类型 变量名:集合){
    循环体
}
```

例如向量元素求和,代码如下:

```
float sum = 0;
vector<float> v = { 1,2,3,4,5 };
for (auto e : v) {
    sum += e;
}
printf("%f\n", sum);
```

这种遍历方式与 Python 中的 for 类似。

8.3 函数

8.3.1 定义函数

C++规定,C++程序从一个名为 main 的函数开始,而不是像 Python 代码那样从上往下一行一行执行。C++中的函数定义包含 4 部分：①函数名；②函数参数列表；③函数返回值类型；④函数体。定义函数格式如下：

```
返回值类型 函数名(参数列表){
    ...
    return 返回值;
}
```

例如一个简单的求和函数其定义代码如下：

```
//函数定义方式
int add(int a, int b) {
    return a + b;
}
//函数调用
add(10,15);
```

其中 int 是返回值类型,add 是函数名,小括号()中是参数列表,大括号{}中是参数体,并使用 return 关键字返回,使用函数名(参数)的方式调用。可以看出它和 Python 中函数的区别在于必须显式指出返回值的类型(Python 中是可选的),函数体需使用大括号包裹,以及每条语句末尾都需要加上一个英文的分号";"。

提示：Python 不使用大括号来圈定代码段,而是使用缩进,这在需要翻页的时候可能是糟糕的。

C++也提供另一种语法,将返回值放在函数名的后面,用于 Lambda 表达式中。
如果函数没有返回值,那么返回值应写为 void,但不能不写(不写会被当成类的构造函数),代码如下：

```
void greet(){
    printf("Hello!");
}
```

8.3.2 标准库

1. cstdio

在 Hello World 程序中为了输出字符串我们使用了函数 printf。要使用它,我们首先使用 #include <头文件名>的语法引入了标准输入输出库 cstdio,代码如下:

```
#include <cstdio>
```

然后使用 cstdio 的函数 printf 打印字符串。

printf 的使用方式是 printf(模板,参数),其中模板指的是一个含有%开头的占位符(例如整数占位符%d,浮点数占位符%f,字符串占位符%s)的字符串,而参数就是填充这些占位符的变量。这个函数用于格式化字符串输出,例如:

```
#include <cstdio>

int main() {
    int price = 5;
    printf("苹果的价格为每千克%d元", price);
}
```

输出如下:

```
苹果的价格为每千克5元
```

2. cmath

其中包含常用的数学函数,如

(1) std::pow 求幂函数。

(2) std::exp 指数函数。

(3) std::sqrt 平方根。

(4) std::log 对数函数。

(5) sin/cos/tan 三角函数。

8.3.3 指针作函数参数

指针是 C++编程的基础,如水和空气是人类生活的基础。指针是一种特殊的数据类型,它存储的是一块内存空间的地址,"数据类型 *"就可以声明对应的指针类型,通过"*变量名"操作那块内存地址上的值(这被称为解引用)。指针通常可以通过指向其他普通变量(借助取址运算符 &)、new、malloc(旧)等方式初始化和赋值,代码如下:

```
//声明一个指针类型变量
int * p;

//让指针变量指向一个变量名代表的内存
int a = 10;
p = &a;

//通过指针间接改变一个变量的值
*p = 20;
printf("a: % d", a);
```

输出如下:

```
a: 20
```

你可能会想,这有什么用呢?我为什么不直接用 a,而是用指针指向 a 的值呢?

例子:交换 a 和 b 的值。

当执行函数的时候,数据会从外部变量复制一份到函数形参上,即便函数内部改变了形参,与外部变量也是无关的,代码如下:

```
//Chapter08/08 - 3/1.pointer.cpp
void swap_wrong(int a, int b) {
    int temp = a;
    a = b;
    b = temp;
}

int main() {
    int a = 10;
    int b = 20;
    swap_wrong(a, b);
    printf("a:% d,b:% d", a, b);
}
```

输出如下:

```
a:10,b:20
```

两者并没有交换数值。因为函数内的变量和函数外的变量本来就不是同一个。

如果函数传递的是指针,虽然指针本身的值也被复制到形参的指针变量上(而不是自己进入函数),但其仍然指向原来的变量,自然可以操作原本的数据,代码如下:

```
void swap(int * a,int * b){
    int temp = *a;
    *a = *b;
```

```c
    *b = temp;
}

int main() {
    int a = 10;
    int b = 20;
    swap(&a, &b);
    printf("a:%d,b:%d", a, b);
}
```

输出如下：

```
a:20,b:10
```

你可能会想，符号 & 取地址和符号 * 索引变量也太麻烦了吧，没有简单的办法吗？确实有，那就是使用引用。引用并不是一种数据结构，而是一种语法糖，C++编译器将你加上 & 标为引用的变量自动取地址、索引变量，代码如下：

```c
void swap(int& a, int& b){
    int temp = a;
    a = b;
    b = temp;
}

int main() {
    int a = 10;
    int b = 20;
    swap(a, b);
    printf("a:%d,b:%d", a, b);
}
```

输出如下：

```
a:20,b:10
```

成功交换了外部变量的值，且除了函数声明里说明此变量按引用传递外，其他与值传递版本相同。

不过，除了 swap 等特定场景，这种方法在实际项目中不应该使用，任何以引用传递的变量都应该加上 const，表示该变量不能在函数中被改变，代码如下：

```c
void func(const vector<int>& v){

}
```

虽然这并不是语法规定，但这是一种规范，因为引用在外部调用者看来是值类型，实际上却会改变传进去的数据(Clion 中会标识出按引用传递的变量,但 Visual Studio 并不会),这可能会造成误解。因此凡按引用传递的变量的类型都必须是 const,若需要在函数中改变外部变量的值需使用指针,此外,若无特殊说明不应该在函数参数中使用 const 指针。

const vector<int>& 相比直接传入 vector<int> 开销小得多,前者只会复制地址,而后者会复制整个数组到形参。

注意:不仅在函数传递参数的时候参数会进行复制,在函数返回的时候,其返回值会保存在一个临时变量中,当被接收时(如 result = func())又会进行一次复制,不过,通常会被编译器优化而变成移动语义(RVO/NRVO)。

8.3.4 默认参数

在函数的参数列表里给变量赋值时,其会成为默认参数,调用时可传也可不传,不传则采用设置的默认值,代码如下:

```cpp
//Chapter08/08-3/2.default_parameter.cpp

#include <cstdio>

void increase(int* p, int step = 1) {
    *p = *p + step;
}

int main() {
    int i = 10;

    increase(&i);
    printf("i:%d\n",i);

    increase(&i,10);
    printf("i:%d\n",i);
}
```

值得一提的是,必选参数在左,默认参数在右,不能混杂。如果要传参数,就要按顺序一个一个传,而且不能像 Python 一样用变量名=变量值的形式传。

8.4 数组

8.4.1 静态数组

使用变量名后面加中括号[]的方式声明一个 C 语言风格静态数组,使用大括号包裹的元素进行初始化,代码如下:

```cpp
int main() {
    int array[] = { 1,2,3,4,5 };
}
```

提示：array 的类型是 int[]，因此语句 int[] array；应该更符合直觉，Java 和 C#均如此。

静态数组是不可以更改容量的，当声明一个静态数组后，编译器分配的内存空间是固定的，但可以修改其中元素的值，代码如下：

```cpp
array[2] = 10;                          //array:{1,2,10,4,5}
```

这种数组并不是对象，自然也没有提供反转、排序等方法，只是申请一块连续的内存空间罢了。

8.4.2 动态数组

1. std::vector

动态数组是 C++ STL 提供的一个类 std::vector，std(standard)是一个命名空间用以防止命名冲突，::是作用域运算符，如果你自己写了一个 vector，就要放在别的命名空间，例如 my_namespace，使用时为 my_namespace::vector，否则编译器看到两个名字一样的类会报错。

提示：stl 中的类和方法都是小写的，现在类名通常是单词首字母大写。

声明一个动态数组代码如下：

```cpp
#include <vector>

int main() {
    std::vector<int> test_vector = { 1,2,3,4,5 };
}
```

这里的尖括号<>传递模板参数，vector 中不仅可以存 int，也可以存 float、bool 或者子 array 和其他的复杂数据类型，不同的数据类型占用的内存空间并不相同，而元素数据类型通过<>传给 vector 类的构造函数。大括号是初始化列表。

提示：类型也是一种参数，但通常被区别对待放在尖括号中，因为 C++并没有对程序员提供完善的类型系统，对某些有反射系统的框架而言，可以将类型作为普通函数参数放在小括号()中以期望其生成适用于特定类型的对象。

每次使用类都需要作用域运算符指明是哪个命名空间中的类多少有些烦琐，可以在源

文件的开头部分使用 using 关键字声明全文使用的类究竟是哪个,上面的代码可以更改为如下代码:

```cpp
#include <vector>

using std::vector;

int main() {
    vector<int> array = { 1,2,3,4,5 };
}
```

之后在这个源文件(当前.cpp 文件,以及通过 #include 包含该文件的所有文件)中所有出现的 vector 都被视为 std::vector。

提示:这种引用一个类的方式与 Java 的导包相似。
不应出现 using namespace std;这种导入整个命名空间的不规范语句。

test_vector 是一个 std::vector 类的对象,提供了许多操作它的方法,使用 push_back 方法向其尾部添加一个元素。

```cpp
test_array.push_back(6);
```

使用 range 方式遍历 vector(此种方式不可以在循环体中修改 vector 的值)代码如下:

```cpp
for (int number : array) {
    printf("%d", number);
}
```

使用普通 for 循环可以在遍历时修改元素,代码如下:

```cpp
for (int i = 0; i < array.size(); i++)
{
    array[i] = 0;
}
```

当添加元素时动态数组能够自动扩容,也可以通过 resize 函数手动调整容量,通过 capacity 函数可以获知其容量,代码如下:

```cpp
vector<int> vector1;
printf("capacity:%d",vector1.capacity());
vector1.resize(10);
printf("capacity:%d",vector1.capacity());
```

对某些 C 风格的函数要求静态数组指针时,可以通过.data 方法获得内部数组的指针。

2. 迭代器

迭代器能确保数据以不同方式存储在内存中时，总能以合适的方式进行遍历。

静态数组的内存是连续的，第 i 个元素的地址可以通过数组首地址＋序号 i ×元素长度得到，代码如下：

```
int array[] = { 1,2,3,4,5 };
printf("数组的首地址：%d\n", &array);
printf("数组元素长度：%d\n", sizeof(array[0]));
printf("下标 2 元素地址：%d", &array[2]);
```

输出如下：

```
数组的首地址：20314384
数组元素长度：4
下标 2 元素地址：20314392
```

array[2]的地址为 20314384＋2×4＝20314392。因为地址是连续的，所以使用下标来索引是非常简单的，但删除元素就相对麻烦了，如果删除中间一个元素，后面的所有元素都要往前挪一位以便填上空缺，数组越大删除的代价就越高（实际上 vector 没有提供按下标删除一个元素的方法），因此许多数据结构采用链表而不是向量，创建链表的代码如下：

```
std::list<int> array = { 1,2,3,4,5 };
```

链表的结构是一个个相互通过指针连接的数据块，如果在内存上不连续，它就没办法直接使用[i]取第 i 个元素了，要遍历链表，需要使用迭代器，通过 begin() 可以获得指向链表第一个元素的迭代器，通过 end() 可以获得一个指向链表最后一个元素的后一个位置的迭代器，获得第 3 个元素的代码如下：

```
std::list<int>::iterator it = array.begin();
int index = 2;
for (int i = 0; i < index; i++){it++;}
printf("%d", *it);
```

通常迭代器会使用 auto 简化，代码如下：

```
auto it = array.begin();
```

使用 range 实际上就是使用迭代器＋＋，而不可以在遍历的过程中修改值，这是因为 range 方式的遍历使用的是 const 的迭代器，以 range 方式遍历 list，代码如下：

```
for (auto& e : array)
{
    printf("%d", e);
}
```

遍历并删除列表中符合条件的元素的代码如下：

```
for (auto it = array.begin(); it != array.end();) {
    if ( * it == 2) {it = array.erase(it);}
    else {++it;}
}
```

此代码 vector 也可使用。

8.5 类和对象

8.5.1 类的声明

使用 class 关键字可以声明一个类，使用大括号{}包裹类的内容，在类中定义的变量就是成员变量，在类中定义的函数就是成员函数（又称方法），声明一个三原色表示的颜色类，代码如下：

```
class Color
{
public:
    int red = 0;
    int green = 0;
    int blue = 0;
};
```

其中的 public: 指明下面的属性都是公开的，即外部可以通过对象以 . 的方式访问。值得一提的是，类的成员变量可以在声明时不初始化，int 类型的成员变量会被自动初始化为 0，但普通局部变量则没有这个福利，使用前必须初始化，否则会报错。

创建一个 Color 对象，代码如下：

```
int main() {
    Color color;
}
```

之后可以以 . 的方式访问其公开成员，让 color 中存储一个纯蓝的颜色值，代码如下：

```
color.red = 0;
color.green = 0;
color.blue = 255;
```

不过这样多少有些烦琐，我们可以使用构造函数初始化成员变量，代码如下：

//Chapter08/08-4/1.class_and_object.cpp

```cpp
#include <cstdio>

class Color
{
public:
    int red = 0;
    int green = 0;
    int blue = 0;

    //定义构造函数,C++规定与类名相同且无返回值的函数被视为构造函数
    Color(int red, int green, int blue) {
        this->red = red;
        this->green = green;
        this->blue = blue;
    }
};

int main() {
    //调用构造函数
    Color color(255,0,0);
    printf("Red:%d,Green:%d,Blue:%d", color.red, color.green, color.blue);
}
```

这里—>是一个运算符,this指向对象自身,它是一个指针类型,用指针访问对象的成员需要使用—>而不是点(.)。

输出如下：

```
Red:0,Green:0,Blue:255
Red:255,Green:0,Blue:0
```

在构造函数方面 C++ 与 Python 的规定并不相同,Python 规定名称为 __init__() 的函数为构造函数,而 C++ 规定名称与类名相同且无返回值的函数为构造函数,但用途相同,都是在构造对象时被编译器自动调用的函数。

不过,这种旧风格代码虽然容易理解但目前不推荐使用,例如语句 Matrix matrix_1();看起来声明了一个 matrix_1 对象,使用无参构造器初始化,但也可以被认为是一个返回值为 Matrix 并且名为 matrix_1 的无参函数声明。

在 C++11 中提出了一种新的初始化方法,即大括号的初始化,代码如下：

```cpp
Color color{255,0,0};                  //#1(直接初始化)
Color color = {255,0,0};               //#2(复制初始化)
```

两者有细微的区别,当构造函数加上 explicit 关键字声明为 explicit A(int a, int b, int c);时只能使用#1而不可以使用#2。

当使用{}时实际上编译器是将一个花括号包裹的内容包装为 std::initializer_list,遍历它,其中每个元素依次当作构造函数的参数进行初始化,若使用=赋值运算符,则编译器尝试将等号右边的对象复制给新创建的对象,发现等号右边的 std::initializer_list 并不是类 Color 的对象,而无法进行直接复制,便会尝试将 std::initializer_list 当作 Color 构造函数的参数传入并进行初始化,此时若使用 explicit 会禁止这种尝试。

8.5.2 封装

对 Color 这样简单的对象而言,直接将其所有成员变量暴露尚可理解,但对于更复杂的数据类型,直接暴露内部数据会引起错误。例如你写了一个角色类,有等级、攻击力、血量 3 个属性,代码如下:

```cpp
class Character {
    int level;
    int attack;
    int maxHp;
}
```

当角色等级变化的时候,攻击力和血量也会随之提升,但是当别人使用这个类的时候,很可能想不到这一点,而只是更新了等级,代码如下:

```cpp
//Chapter08/08-4/2.class_and_object_2.cpp

int main() {
    Character main_ mainCharacter{ 1,10,20 };

    //角色升级,但是忘记了更新 attack 和 maxHp
    mainCharacter.level++;
}
```

也就是说,一个类的成员发生改变,会引起连锁反应,而调用者很可能不知道需要进行哪些处理,因此不应该将内部数据直接暴露出去,规范的做法是将成员变量都表示为 private(私有的),按需要暴露 get 和 set 方法,一份符合规范的代码如下:

```cpp
//Chapter08/08-4/2.class_and_object_2.cpp

#include <cstdio>

class Character {
private:
    int level;
    int attack;
    int maxHp;
public:
```

```cpp
    int getLevel()const { return level; }
    int getAttack()const { return attack; }
    int getMaxHp()const { return maxHp; }

    void setLevel(int level)
    {
        this -> level = level;
        attack = 10 * level;
        maxHp = 25 * level;
    }
};

int main() {
    Character mainCharacter;

    //Character Level UP!
    mainCharacter.setLevel(5);
    printf("Main Character : lv.%d Attack:%d MaxHP:%d", mainCharacter.getLevel(),
mainCharacter.getAttack(),mainCharacter.getMaxHp());
}
```

对使用这个类的人而言，仅可以设置人物的等级，而其攻击力和血量都应依据等级计算得到，不能直接修改，而当外界设置人物等级时，其各项属性都会更新。这里所有的 get 函数都在函数体前加上了 const，表示这个函数不会修改成员变量。

提示：C++ 中类的成员默认都是 private 的，而结构体的成员默认都是 public 的。

8.5.3 示例：矩阵乘法

我们使用类和对象、函数的知识实现一个矩阵乘法的例子。首先定义矩阵类 Matrix，使用动态数组 vector 存储矩阵中的数据，每一行数据都是一个 vector<float>，一个矩阵是由许多行构成的 vector，也就是嵌套的 vector<vector<float><，代码如下：

```cpp
//Chapter08/08 - 4/3.matrix_multiply.cpp

#include <vector>

using std::vector;

class Matrix
{
public:
    vector<vector<float>> data;
```

```cpp
    void loadData(vector<vector<float>> data)
    {
        this->data = data;
    }

    void printMatrix()
    {
        for (auto line : data)
        {
            for (auto value : line)
            {
                printf("%f ", value);
            }
            printf("\n");
        }
    }
};
```

loadData 模拟从外部读取数据的过程，这里只是方便接下来将一个初始化列表构造的 vector 复制过来。printMatrix 进行两层遍历，外面一层遍历行，里面一层遍历一行中的每个元素，在每一行的末尾输出一个换行符\n，这是一个不可见的特殊字符，还有许多这样以反斜杠\开头的功能性字符，如\t 制表符、\0 空字符，如果要打印可实现转义的反斜杠符号\，需要使用\\。

实例化对象和加载数据代码如下：

```cpp
int main() {
    vector<vector<float>> dummyData1 = {
        {1,2,3},
        {4,5,6}
    };
    vector<vector<float>> dummyData2 = {
        {7,8},
        {9,10},
        {11,12}
    };

    Matrix matrix1;
    matrix1.loadData(dummyData1);

    Matrix matrix2;
    matrix2.loadData(dummyData2);

    matrix1.printMatrix();
    printf("\n");
```

```
        matrix2.printMatrix();
        printf("\n");
}
```

输出如下：

```
1.000000 2.000000 3.000000
4.000000 5.000000 6.000000


7.000000 8.000000
9.000000 10.000000
11.000000 12.000000
```

matrix_1 是一个 2×3 的矩阵，matrix_2 是一个 3×2 的矩阵，根据矩阵的乘法它们是可乘的，结果为 2×2，示例代码如下：

```cpp
//Chapter08/08-4/3.matrix_multiply.cpp

Matrix matrixMultiply(Matrix matrix)
{
    int matrix1RowsNumber = this->data.size();
    int matrix1ColumnsNumber = this->data[0].size();

    int matrix2ColumnsNumber = matrix.data[0].size();

    vector<vector<float>> resultData;
    resultData.resize(matrix1RowsNumber);
    for (int i = 0; i < matrix1RowsNumber; i++)
    {
        resultData[i].resize(matrix2ColumnsNumber);
    }

    for (int i = 0; i < matrix1RowsNumber; i++)
    {
        for (int j = 0; j < matrix2ColumnsNumber; j++)
        {
            for (int k = 0; k < matrix1ColumnsNumber; k++)
            {
                resultData[i][j] += this->data[i][k] * matrix.data[k][j];
            }
        }
    }

    Matrix result;
    result.loadData(resultData);
    return result;
}
```

main 函数调用矩阵乘法,代码如下:

```
Matrix matrixMultiplyResult = matrix1.matrixMultiply(matrix2);
matrixMultiplyResult.printMatrix();
```

输出结果如下:

```
58.000000 64.000000
139.000000 154.000000
```

注意:在实际代码中一定要进行条件判断,即输入的数据是否符合要求:矩阵1的列数与矩阵2的行数是否相等;矩阵1和矩阵2是否为空(否则 data[0] 将会越界出错,导致整个程序中止)。

8.5.4 运算符重载

我们在 PyTorch 中总是在使用可调用对象,其是重写了 __call__ 方法的类的对象,在 C++ 中则更为直接,类的"+""-""*""/""()""[]"等运算符均可重载,以完成对象的运算和操作,其格式如下:

```
返回值 operator 需重写的运算符(参数) {

}
```

对于"+""-""*""/"这样的二元运算符本质上就是一个接收两个参数(但作为成员变量只需声明一个)、返回一个参数的函数,代码如下:

```cpp
//Chapter08/08-4/4.operator_overload.cpp

#include <cstdio>

class Vector3 {
public:
    float x;
    float y;
    float z;

    Vector3(float x, float y, float z) {
        this->x = x;
        this->y = y;
        this->z = z;
    }

    Vector3 operator + (const Vector3 &vector) const {
```

```
            Vector3 result = {x + vector.x, y + vector.y, z + vector.z};
            return result;
        }

        float operator * (const Vector3 &vector) const {
            return x * vector.x + y * vector.y + z * vector.z;
        }
};

int main() {
    Vector3 vectorA = {1, 2, 3};
    Vector3 vectorB = {4, 5, 6};
    Vector3 vectorAddResult = vectorA + vectorB;
    printf("Add:x:%f,y:%f,z:%f", vectorAddResult.x, vectorAddResult.y, vectorAddResult.z);
    printf("\n");
    printf("Inner product::%f", vectorA * vectorB);
}
```

而重写了()则让对象表现得如一个函数,代码如下:

```
//Chapter08/08-4/5.callable_object.cpp

#include <cmath>
#include <cstdio>

class MSELoss{
public:
    float operator()(float predict, float label){
        return powf((predict - label), 2);
    }
};

int main(){
    auto criterion = MSELoss();
    float loss = criterion(2,2.5);
    printf("Loss:%f",loss);
}
```

这看上去是不是就和 PyTorch 中的用法有点类似了呢？不过 C++ 代码的速度比纯 Python 代码快多了。

8.5.5 继承

继承某个类,即在定义类时在类名后接冒号:和继承的父类。类 A 继承类 B 的格式如下:

```
class A:public B
{
}
```

注意：继承有 public 继承、protect 继承、private 继承，但实际只应使用 public 继承，以下不讨论其他的继承形式，均默认为 public 继承。

继承有两种用法：①代码复用；②规范代码和实现多态。

1. 代码复用

继承一个类可以获得其定义的公开属性和方法。

例如在一个 ARPG 游戏中，设计一个 Character 类，其有基本属性：等级、攻击力、血量，代码如下：

```cpp
class Character{
public:
    int level;
    float Attack;
    float MaxHP;
    float CurrentHP;
};
```

游戏中的角色分两类：主角和 NPC，它们都具有等级、攻击力、血量这 3 个基本属性，只要让它们继承 Character 类，就自动获得了这 3 个属性。

```cpp
//Chapter08/08-5/1.inhert.cpp

#include <cstdio>

class Character{
public:
    int level;
    float Attack;
    float MaxHP;
    float CurrentHP;
};

class MainCharacter: public Character{

};

class NonPlayerCharacter: public Character{

};
```

```cpp
int main(){
    MainCharacter main_character;
    
    //MainCharacter 类的定义是空的,但仍然有继承自 Character 的属性
    main_character.level = 10;
    printf("main_character:lv % d",main_character.level);
}
```

当然,MainCharacter 和 NonPlayerCharacter 有各自的特别属性,MainCharacter 有物品背包,NonPlayerCharacter 有 AI 控制器,代码如下:

```cpp
class MainCharacter: public Character{
public:
    vector< GameItem > bag;
};

class NonPlayerCharacter: public Character{
public:
    AIController controller;
};
```

NonPlayerCharacter 也分成许多种,例如敌人、商店,它们都继承自 NonPlayerCharacter,也就是有 AI 控制器,在自己的类里写自己扩展的内容。

可以想象,如果没有继承,有多少种角色,角色的状态、各种交互逻辑就需要复制多少次。

不过以上的代码并不符合规范,只是为了演示的简洁性那么写,通常所有的数据成员都应该是 private 的,不过变量的命名却没有一个统一的说法,本书采用统一的 Java 约定:类名所有单词首字母大写不带下画线,如 MyClass;变量和函数名首单词小写后面单词首字母大写,如 myVariable,myFunction;常量字母全大写以下画线相连,如 MY_CONSTANT。示例代码如下:

```cpp
//Chapter08/08-5/1.inhert.cpp

constexpr int LEVEL_ATTACK_WEIGHT = 10;
constexpr int LEVEL_HP_WEIGHT = 25;

class Character {
    int level;
    int attack;
    int maxHp;
    int currentHp;
```

```cpp
public:
    int getLevel() const {
        return level;
    }

    void setLevel(int level) {
        this->level = level;
        attack = LEVEL_ATTACK_WEIGHT * level;
        maxHp = LEVEL_HP_WEIGHT * level;
    }

    int getAttack() const {
        return attack;
    }

    int getMaxHp() const {
        return maxHp;
    }

    int getCurrentHp() const {
        return currentHp;
    }
    void setCurrentHp(int currentHp) {
        this->currentHp = currentHp;
    }
};
```

这些公开的函数(方法)和公开的属性一样会被继承,若子类有同名的函数,则会覆盖父类的函数。

2. 规范代码和实现多态

多态是指继承同一个父类的子类对同一被 virtual 修饰的函数的调用会有不同的反应。在 C++中,实现多态需要使用指针(或引用),让父类的指针指向子类的对象,代码如下:

```cpp
//Chapter08/08-5/2.Polymorphism.cpp

class Character{

};
class Enemy1: public Character{

};

int main(){
    Enemy1 enemy1;
    Character * enemy1Ptr = &enemy1;
}
```

然后在 Character 和 Enemy1 类中添加 virtual 修饰的函数，代码如下：

```
//Chapter08/08-5/2.Polymorphism.cpp

class Enemy1: public Character{
public:
    void Attack(int baseDamage) override{
        printf("Melee attack!\n");
    }
};

class Enemy2: public Character{
public:
    void Attack(int baseDamage) override{
        printf("Shoot an arrow!\n");
    }
};
```

将两者结合起来，便可以实现用父类的指针调用子类的方法，代码如下：

```
int main(){
    Enemy1 enemy1;
    Character * enemy1Ptr = &enemy1;

    Enemy2 enemy2;
    Character * enemy2Ptr = &enemy2;

    enemy1Ptr->Attack(15);
    enemy2Ptr->Attack(20);
}
```

你可能会想，这有什么用呢？我为什么不将 enemy1 和 enemy2 声明为它们真正的类型然后调用 Attack 函数呢？可以想一想，如果是策略游戏，你选中了 Pawn1、Pawn2、Pawn3，虽然它们都是不同的兵种，但是只要用一个 vector<Character *> 就可以全部保存下来，然后依次调用它们的 Attack 方法，它们就会根据自己重写的方法攻击了。在神经网络中，虽然运算有很多种，ReLU、Tanh、MatrixMultiply……但是它们都继承自 Function，定义了一个 virtual 修饰的虚函数 forward，而只要将它当成一个 Function，调用一个 forward，不管是什么子类运算都能正常执行。对父类 Function 而言，它的 forward 方法没有意义，应该定义为纯虚函数，语法为"函数的定义=0"，代码如下：

```
void forward(float x) = 0;
```

8.5.6　静态

使用 static 修饰的方法为静态方法，不需要创建对象便可以使用。

8.6 指针和引用

我们之前已经多次使用了指针,想必你也多少了解了指针对于 C/C++ 的重要性,接下来我们详细地谈一谈指针。

8.6.1 指针的本质

指针是一种特殊的数据类型,用来存储一块内存区域的地址,通过它可以操作这块内存地址,无论这块内存上是一个多大的对象,或者一个对象数组,它的门牌号——指针都是 4 个字节(当编译环境为 64bit 时,指针为 8 个字节)。但说到底,指针也就是一种数据类型而已,和 int、float、bool 一样,只是它保存的是地址而不是值,将其转换为 int 类型后可以查看其中的地址值,代码如下:

```
float number;
float * p = &number;
printf("%d",p);
```

输出如下:

```
9828976
```

注意:这个值并不是真正的物理地址,只能当作基准值。

8.6.2 动态内存分配

变量名如同名字,指针的值相当于学号。之前我们给指针赋值都是先声明一个普通的变量,然后取它的地址,除此之外也有直接使用 new 关键字申请一块内存这样也可以用指针进行操作,代码如下:

```
float * p = new float;
```

此代码申请了 4 字节内存并交给指针 p 管理,使用 new 创建对象时申请的内存空间大小与类有关,代码如下:

```
#include <vector>
using std::vector;

int main(){
    vector<float> * v = new vector<float>;
}
```

此处写了两遍类型 vector,可以使用 auto 简化以提高可读性,代码如下:

```
auto v = new vector<float>;
```

那么使用 new 与普通的对象创建有什么不同呢?

内存空间可粗略地划分为两部分:栈和堆,栈小而快,堆大而慢。使用语句 vector<float> v;创建的对象在栈上,其生命周期由编译器管理,变量超出自己属于的大括号就会被销毁,例如一个函数返回,则在函数体中创建的变量都会被销毁,这种托管声明周期的方式是建议的编程方式,代码如下:

```
void func(){
    int i = 10;
}//i 被销毁

i = 20;                    //报错
```

提示:这是在不使用右值引用的情况下。

使用 new 时,申请的内存空间在堆上,而且必须使用 delete 关键字手动释放,否则会造成内存泄漏,代码如下:

```
//Chapter08/08-6/1.pointer.cpp

#include <cstdio>
#include <vector>

using std::vector;

vector<float> * v;

void initV() {
    v = new vector<float>;
    v->push_back(10);
}

int main() {
    initV();
    printf("v[0]:%f", (*v)[0]);      //在 InitV 中初始化的 v 在这里也可以使用
    delete v;                         //手动释放申请的内存空间
    printf("v[0]:%f", (*v)[0]);      //报错,v 是空指针
}
```

但是,有些情况不得不用使用 new 手动申请内存,然后使用指针管理,例如下面两种情况:

（1）作为类的成员。当一个类中有自定义的类作为成员的时候，应该使用指针，否则可能会发生循环导入的问题，代码如下：

```
//不推荐
class MainCharacter{
    CharacterCombatComponent combatComponent;
}

//推荐
class MainCharacter{
    CharacterCombatComponent * combatComponent;
}
```

（2）一个函数要返回一个局部对象的指针，那么这个指针指向的内存只能是用 new 创建出来的，不能指向一个局部变量，代码如下：

```
//错误,且内存不安全,应杜绝
vector<float> * createVector() {
    vector<float> v;
    return &v;
}
//正确
vector<float> * createVector() {
    auto v = new vector<float>;
    return v;
}
```

不过上面使用的都是"裸指针"（原始指针），如果在使用时忘记通过 delete 释放内存，则会导致内存泄漏，因为用 new 创建出来的对象即便没指针指向它也不会自己消失，会在程序运行时占据空间，代码如下：

```
while (true)
{
    int * i = new int;
}
```

内存占用如图 8-4 所示。

最终会导致内存不足而分配内存失败，从而导致程序崩溃。

通常在编程时能使用对象就使用对象，需要使用指针考虑是否可以使用智能指针，它在对象不再被使用时自动释放对象占用的内存空间。

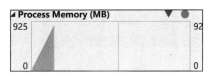

图 8-4　内存泄漏

8.6.3 智能指针

C++11 之后的智能指针分 3 种：unique_ptr、shared_ptr、weak_ptr，最常用的是 unique_ptr。使用它们需要引入头文件 #include <memory>。

1. 创建智能指针

可以传给智能指针一个裸指针来创建一个指针，也可以使用 C++标准提供的工具函数 make_unique、make_shared 来方便地申请内存同时创建一个指向这块内存的智能指针（后者是更推荐的方法），代码如下：

```cpp
//Chapter08/08-6/2.smart_pointer.cpp

#include <memory>
#include <vector>

using std::vector;

int main(){
    auto uniquePtr1 = std::make_unique<vector<float>>();

    auto uniquePtr2 = std::unique_ptr<vector<float>>(new vector<float>{});

    std::unique_ptr3<vector<float>> uniquePtr2;
    uniquePtr2.reset(new vector<float>{});

}
```

我们修改 8.6.2 节中的指针并包装为智能指针，代码如下：

```cpp
while (true)
{
    auto i = std::unique_ptr<int>(new int);   //auto i = std::make_unique<int>;
}
```

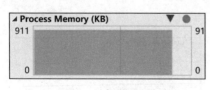

图 8-5　智能指针

内存占用如图 8-5 所示。
这样便没有内存泄漏的问题了。

2. 智能指针的本质

智能指针可以视作一个重载了 *、—> 运算符让其对象表现得如同一个指针的类。

8.6.4 引用

深度学习中的参数量巨大，目前主流网络参数量都是数以亿计，需要尽力避免无意义地复制。例如一个向量求和函数，代码如下：

```cpp
//Chapter08/08-6/3.reference.cpp

vector<float> operator + (vector<float> vector1, vector<float> vector2) {
    vector<float> result;
    for (int i = 0; i < vector1.size(); i++)
    {
        result.push_back(vector1[i] + vector2[i]);
    }
    return result;
}
```

测试代码如下：

```cpp
//Chapter08/08-6/3.reference.cpp

int main() {
    vector<float> vector1 = {1, 2, 3, 4, 5};
    vector<float> vector2 = {6, 7, 8, 9, 10};

    vector<float> result = vector1 + vector2;
    for (float i : result) {
        printf("%f ", i);
    }
}
```

虽然计算结果是正确的，并且运算过程在数学上并没有什么问题，但从一个程序的角度，这个函数非常糟糕（我们会在 9.1.4 节详细讨论实现神经网络时进行值传递有多慢）。

调用函数时的 vector1 和 vector2 与函数内部的 vector1 和 vector2 是独立的，实际上函数里的 vector1 和 vector2 是复制自调用时传入的 vector1 和 vector2，我们通过打印函数调用传入的 vector1 的地址和函数内部 vector1 的地址，就可以知道两者并不是同一份数据，代码如下：

```cpp
//Chapter08/08-6/3.reference.cpp

vector<float> operator + (vector<float> vector1, vector<float> vector2) {
    printf("vector1 in function: %d\n", &vector1);
    ...
}
int main() {
    vector<float> vector1 = {1, 2, 3, 4, 5};
    vector<float> vector2 = {6, 7, 8, 9, 10};

    printf("vector1 in main: %d\n", &vector1);
}
```

输出如下：

```
vector1 in main:12057064
vector1 in function:12056856
```

如果 vector1 和 vector2 中的元素很多，这一步就会浪费很多时间和内存。
解决办法就是将参数的类型改为常引用，其他不需要改动，代码如下：

```cpp
vector<float> operator + (const vector<float> &vector1, const vector<float> &vector2) {
    printf("vector1 in function: %d\n ", &vector1);
    ...
}
```

输出如下：

```
vector1 in main:5765584
vector1 in function:5765584
```

从输出结果可以看出两个确实是同一份数据。

不过，实际上这只是一个指针语法糖，背后依然是将实参复制到形参并调用函数，我们将 vector1 变成指针，代码如下：

```cpp
#Chapter08/08-6/3.reference.cpp

vector<float> operator + (vector<float> * vector1, vector<float> vector2) {
    printf("vector1 in function: %d\n ", vector1);

    vector<float> result;
    for (int i = 0; i < vector1->size(); i++) {
        result.push_back((*vector1)[i] + vector2[i]);
    }
    return result;
}

int main() {
    vector<float> vector1 = {1, 2, 3, 4, 5};
    vector<float> vector2 = {6, 7, 8, 9, 10};

    printf("vector1 in main: %d\n",&vector1);

    vector<float> result = &vector1 + vector2;

    for (float i : result) {
        printf("%f ", i);
    }
}
```

输出如下:

```
vector1 in main:4455696
vector1 in function:4455696
```

我们传的就是指针,这里虽然指针变量不是同一个,但它们指向的对象却是同一个。不过这样有些烦琐,在确定函数不会改变传入值的情况下应该用常引用(特别对运算符重载,往往如此)。

提示:按照 C++ 规范,此处不可以两个都使用指针。准确地说,运算符重载的双方不能都是基础数据类型(包括 int、float、指针),这可能会造就 int operator+(int a, int b) { return a - b; }这种奇怪的东西。

8.6.5 移动语义和右值引用

当且仅当需要转移资源(内存)所有权时,需要使用移动语义和右值引用。

当我们要将一个大象放进冰箱时,有两种办法:①打开冰箱门,把大象放进冰箱,然后关上冰箱门;②在冰箱中启动量子复制系统,复制一只完全相同的大象。第二个听上去有点蠢的方式,就是 C++ 的默认行为,例如我们要从一个包含数据的 vector 中初始化一个张量 Tensor,代码如下:

```cpp
#include <vector>

using std::vector;

class Tensor{
    vector<float> data;
public:
    Tensor(vector<float> data){
        this->data = data;
    }
};

int main(){
    vector<float> data;
    Tensor tensor{data};
}
```

这里外部的 data 和 Tensor 内部的 vector 不是同一个,使用移动语义可以真正让 data 包装成 tensor。

//Chapter08/08-6/4.move.cpp

```cpp
#include <utility>
#include <vector>

using std::vector;

class Tensor{
    vector<float> data;
public:
    Tensor(vector<float>& data){
        this->data = std::move(data);
    }
};

int main(){
    vector<float> data;
    Tensor tensor{data};
}
```

因为使用了引用，形参 data 就是外部的 data，通过 std::move 可以将其内存转给 Tensor 内部的 data。此构造函数使用非 const 的引用改变了传进来的参数，所以应该改为移动构造函数，代码如下：

```cpp
//Chapter08/08 - 6/4.move.cpp

#include <vector>

using std::vector;

class Tensor{
    vector<float> data;
public:

    Tensor(vector<float>&& data){
        this->data = data;
    }
};

int main(){
    vector<float> data;
    Tensor tensor{std::move(data)};
}
```

这里的 vector<float>&& data 不是什么双重引用，而是右值引用，指向 std::move 获得的那个资源。和左值引用一样的是，它是一个别名而不是副本，确保内部的 data 就是外部的 data；和左值引用不同的是，它不能指向一个变量（因此会在调用者不看函数签名而直接传入 data 时报错），而只能指向一个临时值，如 std::move(data) 的结果，或一个算术表达式的结果。

如果要确保内部保存的是外部那份数据，而外部的 data 还可以用来做别的事情，可以保存指针，这样外部的 data 还可以用来做别的事情，没有资源转交的含义，代码如下：

```cpp
//Chapter08/08-6/4.move.cpp

#include <vector>

using std::vector;

class Tensor{
    vector<float>* data;
public:

    Tensor(vector<float>* data){
        this->data = data;
    }
};

int main(){
    vector<float> data;
    Tensor tensor{&data};
}
```

注意：移动语义重要的不是移动，而是语义，它告诉编译器资源的转让。

8.7 C++进阶知识

8.7.1 断言

断言用以在程序不符合预期的情况下让其中断并给出错误信息，可分为静态断言和断言两种，前者不能断言变量。

1. 静态断言

使用关键字 static_assert，用于编译期断言，因为 C++类型系统并不完善，所以用得少，利用指针在 32 位编译器下其长度为 4 字节，在 64 位编译器下其长度为 8 字节，以下代码将会在 32 位编译器中编译失败，而在 64 位编译器中编译成功：

```cpp
static_assert(sizeof(int*) == 8, "This Program can not run at 32 bit mode!");
```

2. 断言

普通的断言也就是我们常用的断言，使用函数 assert，当满足 assert 中的条件时程序才能正确执行，例如我们让两个 vector 做向量内积，条件是它们的形状相同，代码如下：

```cpp
//Chapter08/08-7/1.assert.cpp

#include <vector>
#include <cassert>

using std::vector;

vector<float> innerProduct(const vector<float>& vector1, const vector<float>& vector2){
    assert(vector1.size() == vector2.size());

    vector<float> result;
    for (int i = 0; i < vector1.size(); ++i) {
        result.push_back(vector1[i] + vector2[i]);
    }
    return result;
}
```

调用这个函数时，若两个向量不满足形状相同的条件，程序会在 assert 那一行中止运行，并给出断言失败的位置，代码如下：

```cpp
int main() {
    vector<float> vector1{1, 2, 3, 4};
    vector<float> vector2{5, 6, 7};
    vector<float> result = innerProduct(vector1, vector2);
}
```

结果如下：

```
Assertion failed: vector1.size() == vector2.size(), file \Source\Chapter06\06-7\1.assert.cpp, line 10
```

8.7.2 命名空间

命名空间可以防止命名冲突，使用关键字 namespace 定义，语法如下：

```
namespace 命名空间名称{

}
```

8.7.3 头文件

我们已经多次使用#include 导入标准库,如语句#include <cstdio>;,它与 Python 中的 import package 有异曲同工之妙,不过它的原理就更简单了,其实就是直接将对应的文件复制并粘贴到#include 的位置。正因如此,其实#include 可以不是.cpp 源文件,而是.java、.cs 甚至.txt 文件,预处理之后这些文件的内容就被复制到当前文件中了,当然编译链接报错是之后的事情。

但是按照规范,能够被包含的文件应以.h 结尾(h 表示 header),其中存放函数的声明,而.cpp 文件中是函数的实现,用于插入文本的文件应用.inc 结尾。

声明与实现分离是 C++ 与其他主流编程语言不同的一点,其原因是历史包袱导致 C++ 编译后的源文件不包含元信息。一个函数的声明就是返回值、函数名、参数列表,而实现就是大括号内的内容,前者放在.h 文件中,而后者放在.cpp 文件中,为了指明是哪个类的函数需要加上类名::,若定义中有命名空间,还需要加上命名空间,形如 my_namespace::Character::greet{/*函数体*/},.h 文件代码如下:

```
using std::vector;

namespace my_namespace {
    class Character {
        int level;
        float attack;
    public:
        void greet();
    };

}
```

不过,这有时候会引起错误,当两个文件同时引入这个文件时,其中的内容会在两个文件内被编译两次,显然这是会报错的,不能有两个名字一样的命名空间和类。

因此凡是头文件都需要使用#ifndef 宏确保不会被编译多次,代码如下:

```
//Chapter08/08-7/2.include_demo_ifdef_test1.h

#ifndef SOURCE_2_INCLUDE_DEMO_H
#define SOURCE_2_INCLUDE_DEMO_H
#include <vector>

using std::vector;

namespace my_namespace {
    class Character {
        int level;
```

```
        float attack;
    public:
        void greet();
    };

}
#endif //SOURCE_2_INCLUDE_DEMO_H
```

语句#ifndef SOURCE_2_INCLUDE_DEMO_H 判断是否已经定义了 SOURCE_2_INCLUDE_DEMO_H,若未定义则与#endif //SOURCE_2_INCLUDE_DEMO_H 中间的内容都不会执行,如果没有定义,则进入下一句。定义了一个宏#define SOURCE_2_INCLUDE_DEMO_H,.cpp 文件代码如下：

```
//Chapter08/08-7/2.include_demo.h

#include "2.include_demo.h"

void my_namespace::Character::greet() {
    printf("Hello!");
}

using my_namespace::Character;

int main() {
    Character character{};
    character.greet();
}
```

这样写相当烦琐,因为工业级的代码需要严肃考虑程序的健壮性,也许 20 行代码里只有 1 行是逻辑,其他都是对边界条件或者异常情况的处理。故而本书会在程序的健壮性和可读性之间进行权衡,在每节的最后通过一个章节集中处理不符合规范的内容,而在其他部分通常只在一个源文件中做文章,在这种情况下若需要导入其他源文件,需删除或注释需要导入的源文件中的 main 函数,否则会发生命名冲突。

8.7.4　C++的编译过程

C++程序从源代码.cpp 到二进制.exe 经历 4 个步骤：预处理、编译、汇编、链接。和解释性语言 Python 不一样,C++代码通过编译器编译之后,可以不需要环境运行。Visual Studio 提供的编译器为 cl.exe(当使用 Visual Studio 时,它实际上是调用这个编译程序编译 C++代码),不在系统环境变量 Path 中,因此不能直接使用 cl.exe 来编译 C++源代码。

1. 预处理

预处理主要处理♯include 和宏。

♯include 和 Python 中的 import 类似,但更为简单,它直接将♯include 的文件内容复制并粘贴到当前文件,因此♯include 的也不一定是一段头文件,可以是.cpp,也可以是.py 甚至可以是包含一部小说的.txt,编译报错它是不管的。

不过通常来说,♯include 的头文件应该以.h 结尾,如果要通过♯include 引入一段文本,应该使用.inc 结尾。

2. 编译

这里的编译是狭义的编译,指从 C/C++ 到汇编代码的过程。汇编语言是一种使用助记符号表示机器指令的计算机语言。

C++代码如下:

```
nt i = 10;
```

汇编代码如下:

```
mov dword ptr [i],0Ah
```

mov(move)是一条汇编代码,用于数据传输,这句指令给内存中的一个 4 字节空间赋值(0Ah,十六进制的 10)。

3. 汇编

汇编将汇编代码转换为由数字 0 和 1 组成的机器代码,其后缀名为.obj。

冯·诺依曼体系的计算机并不区分指令和数据,平等地将它们存放在内存中,当计算机启动时,CPU 读取磁盘上第一个扇区的数据当作指令开始一条条执行(如果没有跳转指令、不考虑指令优化则是顺次执行,有一个记录位置的计数器 PC 每次加"1",反复地进行取指、指令译码、执行、访问存取数、写回结果)。

提示:通常,磁盘上的第一个扇区被称为引导扇区,这 512 字节的内容负责加载和初始化操作系统。

指令由操作码和操作数组成,操作码决定要完成的操作,操作数指参加运算的数据及其所在的单元地址,以二进制表示,形如:

```
11000111010001010000010000001010000000000000000000000000
```

它是计算机的 CPU 能够直接识别和执行的操作命令,一个 CPU 所有能够执行的指令构成的集合称为指令集。指令的长度分固定和可变两种,当指令的长度固定时(例如指令固定为 32 位),则每次从磁盘取 32 位数据作为一条指令。操作码的长度也分固定和可变两种,当操作码长度固定时,则可以直接区分指令中操作码和操作数的部分,译码电路会更简单。

提示：若操作码长度可变，则需要在首 4 位或首 8 位留下标志位，让 CPU 判断指令的结构及它的长度。例如对变长操作数可以选择保留码点，规定 4 位操作码编为 0000～1110，留下一个 1111 用于扩展，则 8 位操作码编为 11110000～11111110，同样留下 1 位用于扩展。这样译码器查看开头的 4 位是否全为 1 就可以知道是 4 位还是更长的指令。

若要供人阅读，至少要写成十六进制形式，形如：

C7 45 04 0A 00 00 00

其对应一条汇编代码。

4. 链接

C/C++ 的编译是逐文件的，每个 .cpp 文件最后都会生成一个 .obj 文件，链接器负责将各个 .obj 文件连接成一个可执行文件 .exe。

当使用库中提供的代码（例如 printf 时），实际上编译器并不知道 printf 在什么位置，只是我们引入的头文件中 < cstdio > 包含它的定义，知道了参数和返回值就行了，而具体通过这个函数名寻找本体的工作就是链接器的职责，它会在环境变量 Lib 路径下各个 .lib 文件的符号表中查找这个函数，如果找不到则会链接失败。

printf 所在的 .lib 文件为 C:\Program Files（x86）\Windows Kits\10\Lib\10.0.18362.0\ucrt\x64（与使用 Visual Studio 版本有关）下的 libucrt.lib（调试模式下为 libucrtd.lib），在该文件夹下可以使用 Visual Studio 提供的工具 dumpbin 查看 .lib 文件中的符号表，命令如下：

dumpbin /all /rawdata:none libucrt.lib > c:/temp/symbols.txt

/all 参数表示显示所有内容，但加上 /rawdata：none 表示只显示字符部分的内容，> 是重定向，表示将此条命令输出的内容保存到文件中。

symbols.txt 中的内容如图 8-6 所示。

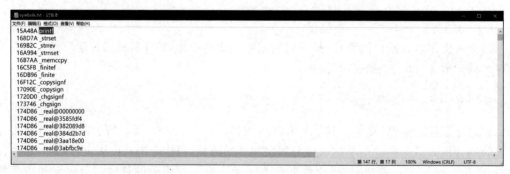

图 8-6　使用 dumpbin 命令行工具查看 .lib 中的符号表

链接分静态链接和动态链接。我们经常使用库中提供的代码,若是静态链接,符号表和函数体都在.lib 中,链接器会将其中用到的部分连接进可执行文件中;若是动态链接,则符号表在.lib 中,函数体在.dll 中,链接器只会连接导入表,以便在运行时能找到.dll 文件中的特定函数(运行时搜索指定名称的.dll 文件则是操作系统的职责,多个程序可以共用一个.dll 文件)。

8.7.5 使用第三方库

C++中的第 3 方库通常提供 include、lib、bin 3 个文件夹供动态链接,其中 include 中保存的是*.h 头文件,lib 中保存的是导入表*.lib 文件,bin 中保存的是动态链接库.dll 文件。简单来讲,一个第三方库就是一堆函数,其函数体在.dll 文件中。一个.dll 文件包含其中所有的函数体,以及它们在.dll 文件中的位置(一个偏移),只有.dll 文件其实就可以调用第三方库了,但是.dll 文件不一定有符号表,也就是其中的函数只有一个序号没有名字,这造成:①程序员无法编程,所以需要有.h 文件存放函数的声明;②链接器无法隐式连接,需要有一个.lib 导入表帮助链接器通过函数名找到.dll 文件中的函数体。

以 OpenCV 为例,前往 https://opencv.org/releases/或用搜索引擎搜索 OpenCV 并单击 Release 按钮,选择对应平台的 OpenCV 版本并下载。得到一个自解压文件,打开后选择安装目录并解压。

解压完成后,进入解压路径的 build 目录下,此处有多个文件夹,其中 include 中存放的是头文件,x64/vc15/lib 下存放的是导入表文件,x64/vc15/bin 下存放的是动态链接库文件。

将 Visual Studio 编译环境改为 64 位,如图 8-7 所示。

图 8-7　更改 Visual Studio 编译环境

在项目上右击→属性→VC++ Directories→Include Directories,添加 OpenCV 下的 include 路径,如图 8-8 所示。

Linker→General→Additional Library Directories,添加 OpenCV 下的 x64/vc15/lib。

选择 Linker→Input→Additional Dependencies,添加 opencv_world450d.lib,如图 8-9 所示。

提示:以上是在 Debug 模式设置的依赖项,所以选择 opencv_world450d.lib;若要在 Release 模式设置依赖,则应使用文件名中不带 d 的 opencv_world450.lib。

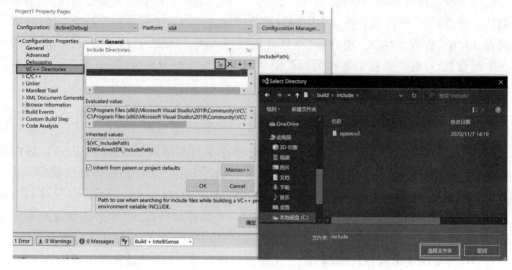

图 8-8　添加包含库和导入表

图 8-9　添加动态链接库依赖

添加 OpenCV 下的 x64\vc15\bin 到环境变量中，使用快捷键 Win＋X＋A 打开管理员权限的 PowerShell，执行命令如下：

```
setx /M PATH " $ Env:PATH;C:\opencv\build\x64\vc15\bin"
```

提示：①若未添加 Include Directories，则会在引入头文件时报错；②若未添加 Library Directories 和 Additional Dependencies，则会在连接的时候报错；③若 .dll 不存在于环境变量等 dll 搜索路径，则会在运行的时候报错（例如常见的 d3dx.dll 丢失）。

重启计算机之后打开项目，进行测试，代码如下：

```cpp
//Chapter08/08－7/3.opencv.cpp

#include <opencv2/opencv.hpp>

int main(int argc, char ** argv)
{
    cv::Mat image = cv::imread("c:\\Temp\\test.jpg");
    cv::imshow("test", image);
    cv::waitKey();
    return 0;
}
```

8.7.6 使用 MSVC 编译器

MSVC(Microsoft Visual C++)编译器为 cl.exe，不过 Visual Studio 安装时并不会将其加入环境变量中，因此无法直接使用，但可以搜索 vs 并打开 x86_x64 Cross Tools Command Prompt for VS 2019，在其中使用 cl.exe 来编译 .cpp 文件，命令如下：

```
cd c:/temp
cl test.cpp
```

编译之后得到中间文件 .obj 和二进制可执行文件 .exe，在 .exe 同级路径可以在命令行中直接使用 .exe 的名称运行该 .exe 文件。使用 where cl 命令可以得到 cl.exe 的路径。

但是在普通的命令行中，即便将 cl.exe 加入环境变量，也无法在任意路径下使用 cl.exe 编译 C++代码（但可以使用 nvcc），因为标准库还没有加入环境变量。在 x86_x64 Cross Tools Command Prompt for VS 2019 中输入 path 将会得到远比系统环境变量长得多的环境变量，如图 8-10 所示。

如果需要在 Visual Studio 之外使用 cl.exe，可以考虑将这些环境变量封装成批处理文件或使用 vcvarsall.bat（仅 cmd）。

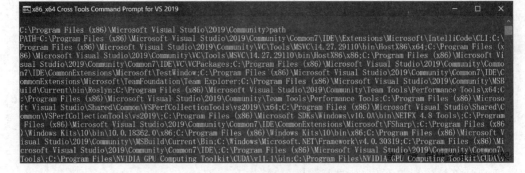

图 8-10　cl.exe 需要的环境变量

第 9 章 自研深度学习框架

9.1 数据结构

深度学习计算的载体是张量,所以首先需要定义张量类,然后定义计算。

9.1.1 张量

张量存储许多浮点数,具有不同的形状,也就是维度不同,而维度就是数据的组织方式,因此构建一个类,其中的 data 属性用于存储数据,shape 属性用于存储形状,代码如下:

```
//Chapter09/09-1/1.Tensor.cpp

class Tensor {
    vector < float > data;
    vector < int > shape;
    ...
```

因为需要创建任意形状的张量,所以需要构造函数能够处理任意数量的参数,因此我们在构造函数中处理包含初始化花括号中数据的 initializer_list,根据传入的形状参数设置张量内部数组的长度,代码如下:

```
//Chapter09/09-1/1.Tensor.cpp

public:
    Tensor(vector < int > shape, bool normal_distribution_initialize) {
        this -> shape = shape;
        int elementsNumber = shape[0];
        for (int i = 1; i < shape.size(); ++i) {
            elementsNumber *= shape[i];
        }

        data.resize(elementsNumber);
    }
```

之后我们向外暴露获得数据和形状的接口，代码如下：

```cpp
vector<float> getData()const{return data;}
vector<int> getShape()const{return shape;}
```

在 main 函数进行测试，代码如下：

```cpp
//Chapter09/09 - 1/1.Tensor.cpp

int main() {
    Tensor tensor1{2, 3, 4};

    printf("tensor1 shape:");
    for (auto size:tensor1.getShape()) {
        printf(" %d ", size);
    };

    printf("\nNumber of elements in tensor1: %d \n", tensor1.getData().size());

    printf("tensor1 initial parameters:");
    for (auto value:tensor1.getData()) {
        printf(" %f ", value);
    };
}
```

输出如下：

```
tensor1 shape:2 3 4
Number of elements in tensor1: 24
tensor1 initial parameters:0.000000 0.000000 0.000000 0.000000 0.000000 0.000000 0.000000 0.000000 0.000000 0.000000 0.0
00000 0.000000 0.000000 0.000000 0.000000 0.000000 0.000000 0.000000 0.000000 0.000000 0.
000000 0.000000 0.000000 0.0000
00
```

这只能生成全是 0 的向量，但是我们通常把权重矩阵按标准正态分布初始化，因此引入头文件 #include<random>，修改 Tensor，使用 C++ 提供的随机数发生器填充张量，代码如下：

```cpp
//Chapter09/09 - 1/1.Tensor.cpp

Tensor(vector<int> shape, bool normal_distribution_initialize) {
    this->shape = shape;
    int elementsNumber = shape[0];
    for (int i = 1; i < shape.size(); ++i) {
        elementsNumber *= shape[i];
```

```
    }
    data.resize(elementsNumber);
    if (normal_distribution_initialize) {
        static std::default_random_engine random_bit_generator;
        static std::normal_distribution<float> normal_distribution;
        for (int i = 0; i < data.size(); ++i) {
            data[i] = normal_distribution(random_bit_generator);
        }
    }
}
```

值得一提的是随机数发生器需要设置为 static，让其看似是局部变量，实际上是类静态变量，否则每个初始化的张量中的数据都是相同的，因为计算机中的随机数并不是真的随机数。

在 main 函数中调用，代码如下：

```
Tensor W = {{2, 3, 4},true};
```

打印 W 中的数据，结果如下：

```
tensor1 shape:2 3 4
Number of elements in tensor1: 24
tensor1 initial parameters:0.253161 -0.293219 0.084590 -0.057086 0.992328 -1.438216
-0.910655 0.106847 -0.600247 -0.8444
53 0.018782 0.197466 -0.743001 0.490085 -0.070392 1.434878 0.939871 -0.635294
-0.191795 -0.950009 0.686196 0.230688 0.25
8588 0.334891
```

初始化完成之后，要能通过指定的坐标获得对应的值，例如一个形状为 3 行 4 列的矩阵，要能通过坐标[1,2]获得其第 2 行第 3 列的元素，因为我们的数据都存储在线性的向量中，只有一个序号，所以我们需要一个从坐标到序号的函数。考虑到需要处理更高维度的张量，因此我们采用"偏移"的思路来设计，代码如下：

```
//Chapter09/09-1/1.Tensor.cpp

int locationToIndex(vector<int> location) {
    assert(location.size() == shape.size());
    int index = 0;
    int offsetSize = data.size();
    for (int i = 0; i < location.size(); ++i) {
        offsetSize /= shape[i];
        index += offsetSize * location[i];
    }
}
```

```
    printf("\n%d\n", index);
    return index;
}
```

使用如下：

```
printf("Index of location {0, 1, 2}:%d", tensor1.locationToIndex({0, 1, 2}));
```

这里有一个例子帮助我们理解：假设学校有 10 000 名同学，分为 4 个年级、每个年级分为 50 个班，每个班 50 位同学，若你在二年级 3 班排第 4，请问你的学号是多少？我们假设各个班的人数同样多，一年级编号是 0～2499，二年级编号是 2500～4999，即相同班级号、相同班级排名的不同年级同学之间相差都是 1000/4＝2500 的倍数，而同一年级相同班级排名与不同班级的同学之间学号差 10000/(4×50)＝50 的倍数。

因为取数据这个操作和 [ ] 语义相同，因此可以重写此运算符并返回引用，通常用来起 get 和 set 的作用，代码如下：

```
float &operator[](vector<int> location) {
    return data[locationToIndex(location)];
}
```

使用如下：

```
printf("tensor1[0, 1, 2]:%f", tensor1[{0, 1, 2}]);
tensor1[{{0, 1, 2}}] = 10;
printf("tensor1[0, 1, 2]:%f", tensor1[{0, 1, 2}]);
```

输出如下：

```
tensor1[0, 1, 2]:-0.910655
tensor1[0, 1, 2]:10.000000
```

然后重载算术运算符＋、－、*，代码如下：

```
//Chapter09/09-1/1.Tensor.cpp

Tensor operator + (Tensor tensor) {
    Tensor result{shape};
    result.data.resize(data.size());
    for (int i = 0; i < data.size(); ++i) {
        result.data[i] = data[i] + tensor.data[i];
    }
    return result;
}
```

```cpp
Tensor operator - (Tensor tensor) {
    Tensor result{shape};
    result.data.resize(data.size());
    for (int i = 0; i < data.size(); ++i) {
        result.data[i] = data[i] - tensor.data[i];
    }
    return result;
}
Tensor operator * (float scalar) {
    Tensor result{shape};
    for (int i = 0; i < data.size(); ++i) {
        result.data[i] = data[i] * scalar;
    }
    return result;
}
```

此外,尽管可以手动通过坐标访问 Tensor 中的值,但 TensorFlow、PyTorch、OpenCV 等框架往往都提供一个使用现成数据生成 Tensor 的工具方法,省去遍历数据赋值的麻烦。我们在 Tensor 类中提供这个 FromVector 静态方法,其参数包含数据的 vector 和形状,返回值使用数据填充 Tensor 对象,代码如下:

```cpp
static Tensor loadVectorAsTensorData (loadVectorAsTensorData,vector<int> shape){
    Tensor tensor{ };
    tensor.data = data;
    tensor.shape = shape;
    return tensor;
}
```

此函数测试代码如下:

```cpp
int main(){
    vector<float> x = {3.3, 4.4, 5.5, 6.71, 6.93, 4.168, 9.779, 6.182, 7.59, 2.167, 7.042, 10.791, 5.313, 7.997, 3.1};
    vector<float> y = {1.7, 2.76, 2.09, 3.19, 1.694, 1.573, 3.366, 2.596, 2.53, 1.221, 2.827, 3.465, 1.65, 2.904, 1.3};

    Tensor xData = Tensor::loadVectorAsTensorData(x, {15, 1});
    Tensor yData = Tensor::loadVectorAsTensorData(y, {15, 1});

    for (float value:xData.getData()) {
        printf("%f,", value);
    }
    printf("\n");
}
```

当然,目前 Tensor 类仅仅保存了数据,还没有涉及梯度。

9.1.2 运算

神经网络中运算操作的父类定义为 Function，其定义 forward 和 backward 虚函数，当输入为 x 时，forward 为 $f(X_1, X_2, \cdots, X_n)$。为了模拟 PyTorch 的可调用对象，可重载小括号()并在其中转发到 forward 函数中，代码如下：

```cpp
//Chapter09/09-1/2.Function.cpp

class Function {
public:
    virtual Tensor forward(vector<Tensor> inputs) {};

    virtual void backward(Tensor grad) {};

    Tensor operator()(vector<Tensor> inputs) {
        return forward(inputs);
    }
};
```

神经网络中的运算可分为两类，与维度相关的和与维度无关的。与维度相关的，如矩阵乘法，在实现时需要使用坐标来定位 Tensor 中的数据；与维度无关的，如 ReLU、MSELoss，在实现时直接获得 Tensor 内部线性的数据进行运算就可以了，因为对所有元素都一视同仁。

首先我们实现深度学习中最常用的计算——矩阵乘法。定义 MatrixMultiply 类继承自 Function，按其数学定义，代码如下：

```cpp
//Chapter09/09-1/1.Tensor.cpp

Tensor matmul(Tensor matrixA, Tensor matrixB) {
    Tensor result{{matrixA.getShape()[0], matrixB.getShape()[1]}};
    for (int i = 0; i < matrixA.getShape()[0]; ++i) {
        for (int j = 0; j < matrixB.getShape()[1]; ++j) {
            for (int k = 0; k < matrixA.getShape()[1]; ++k) {
                result[{i, j}] += matrixA[{i, k}] * matrixB[{k, j}];
            }
        }
    }
    return result;
}
```

这种矩阵乘法需要 locationToIndex 辅助，将数据按二维处理，但是我们知道数据在计算机中都是按线性存储的，库往往会采用另一种思路，将矩阵的运算看作多元函数，根据 locationToIndex 的思路运用偏移索引元素，代码如下：

```cpp
//Chapter07/07-1/1.Tensor.cpp
Tensor matmul(Tensor matrixA, Tensor matrixB) {
    Tensor result{{matrixA.getShape()[0], matrixB.getShape()[1]}};
    for (int i = 0; i < matrixA.getShape()[0]; ++i) {
        for (int j = 0; j < matrixB.getShape()[1]; ++j) {
            for (int k = 0; k < matrixA.getShape()[1]; ++k) {
                result.data[i * matrix2Width + j] += data[i * matrix1Width + k] * matrix2.data[k * matrix2Width + j];
            }
        }
    }
    return result;
}
```

测试代码如下:

```cpp
int main() {
    MatrixMultiply matrixMultiply;

    Tensor matrixA{{3,2},true};
    for(float value:matrixA.getData()){
        printf(" %f,",value);
    }
    printf("\n");

    Tensor matrixB{{2,3},true};

    for(float value:matrixB.getData()){
        printf(" %f,",value);
    }
    printf("\n");

    Tensor result = matmul ({matrixA,matrixB});

    for(float value:result.getData()){
        printf(" %f,",value);
    }
    printf("\n");
}
```

输出如下:

1.090623,1.052336,1.135549,0.737230,0.312420, - 0.729481,
- 1.341290,0.568787,0.074093, - 1.081936, - 0.283604,0.626385,
- 2.601403,0.321886,0.739975, - 2.320736,0.436805,0.545926,0.370206,0.384585, - 0.433788,

下面我们来讨论梯度。

设 $u=xy, v=e^u, w=vx$，则根据链式求导法则

$$\frac{\partial z}{\partial x}=\frac{\partial w}{\partial x}+\frac{\partial w}{\partial v}*\frac{\partial v}{\partial u}*\frac{\partial u}{\partial x} \tag{9-1}$$

从式(9-1)来看，这个求偏导数的过程就像是从 z 传播出去，途经各个通往 x 的道路，并在每个路过的节点求一次该运算的对应偏导（例如×节点，正向是函数：输入 x 和 y，输出 $f(x,y)$；反向是经过此节点乘 $\frac{\partial z}{\partial x}/\frac{\partial z}{\partial y}$。

因此我们得出结论：①梯度在反向传播的过程中是累加的；②当反向传播结束，参数根据梯度更新了自己的参数之后，就应该在下一轮反向传播之前将这一轮的梯度清零。

PyTorch 中一段通用的训练，代码如下：

```
optimizer.zero_grad()
loss.backward()
optimizer.step()
```

这样我们再回头看这段代码，是不是就更加了然于胸了呢？

上面涉及的变量都是标量，当变量为矩阵（张量）时，例如发生矩阵乘法时，情况有所变化。若 $XW=Y$，那么 X 的导数显然不是简单的 W，两者形状都不一样。

9.1.3 张量求导

首先应明确，张量对张量的微分，其实是张量中每个元素对另一个张量中每个元素的导数，微积分的公式都是建立在标量的基础上的，即便将输入和结果都写成矩阵，也只不过是为了美观及批量运算，实际的参与者还是其中的一个个标量（在 9.1.1 节时介绍了维度只是数据的组织形式，可以方便地定义一些可并行的运算，矩阵乘法也完全可以写成多元函数的形式）。

对 $Y=f(X)$ 写出 X 中每个元素 X_i 到 Y 中每个元素 Y_j 的标量函数的导数（组成的张量）放在 X_i 的位置，将组成一个与 X_i 外层形状相同的矩阵（张量），即为张量导数。

例如：在神经网络的最后计算 loss 时，通常会有一个 sum 函数，将所有维度的损失加起来，即 $\text{sum}(\boldsymbol{x})=x_1+x_2+\cdots+x_i$，那么 $\frac{\partial \text{sum}}{\partial \boldsymbol{x}}=\left(\frac{\partial \text{sum}}{\partial x_1},\frac{\partial \text{sum}}{\partial x_1},\cdots,\frac{\partial \text{sum}}{\partial x_n}\right)$，即是一个与 $\boldsymbol{x}$ 形状相同的向量。这里需要提醒两点：①loss 对任何参数的梯度的形状都与那个参数的形状相同，因为 loss 是标量，参数任何一维变化都会对其造成影响；②这里将 $x_1+x_2+\cdots+x_i$ 看作多元函数的 n 个参数，来获得偏导。显然 $\frac{\partial \text{sum}}{\partial \boldsymbol{x}}=(1,1,1\cdots)$，代码如下：

```
//Chapter09/09-1/2.Function.cpp

class Sum : public Function {
```

```
    Tensor input;

    Tensor forward(vector < Tensor > inputs) override{
        input = inputs[0];
        float sum = 0;
        for (float value:inputs[0].getData()) {
            sum += value;
        }
        Tensor result{{1}};
        result[{0}] = sum;
        return result;
    }

    void backward(Tensor gradContext) override {
        vector < float > gradVector;
        for (int i = 0; i < input.getData().size(); i++)
        {
            gradVector.push_back(1) * gradContext[0]10;
        }
        input.addGrad(Tensor::fromVector(gradVector,input.getShape()));
    }
};
```

当双方都是向量时,一个向量 $y = (y_1, y_2, \cdots, y_n)$ 中的每个元素对另一个向量 $x = (x_1, x_2, \cdots, x_n)$ 中每个元素的导数实际上组成了一个矩阵,如下:

$$\begin{bmatrix} \dfrac{\partial y_1}{\partial x_1} & \cdots & \dfrac{\partial y_1}{\partial x_n} \\ \vdots & \ddots & \vdots \\ \dfrac{\partial y_n}{\partial x_1} & \cdots & \dfrac{\partial y_n}{\partial x_n} \end{bmatrix} \tag{9-2}$$

提示:这个矩阵称为雅可比矩阵(Jacobian matrix),PyTorch 的 autograd 实际上就是一个雅可比向量积计算引擎。

当有一方为矩阵时,矩阵与向量所有元素间的导数将组成一个三维的张量,两维用于在矩阵上定位,一维用于在向量上定位;当双方都为矩阵时,所有导数将组成一个四维张量。

你可能会想,有这么复杂吗?对于真正从一个矩阵逐元素映射到另一个矩阵各元素上的变换还真有这么复杂,例如:

$$f(\boldsymbol{X}) = \begin{bmatrix} 2x_{11} + 5x_{12} + x_{21} + 7x_{22} & 3x_{12} \\ 0.5x_{21} + 7x_{11} & 1x_{22} \end{bmatrix} \tag{9-3}$$

而 $f(\boldsymbol{X})$ 对 $\boldsymbol{X}$ 的所有元素间导数构成的张量 $\boldsymbol{J}$ 就是四维,$\boldsymbol{J}[i,j,k,l]$ 的值为 $\boldsymbol{Y}_{i,j}$(表达式,形如 $2x_{11} + 5x_{12} + x_{21} + 7x_{22}$)对 $\boldsymbol{X}_{k,j}$(如 x_{11}、x_{12})的偏导数。

不过,矩阵乘法并不属于这种真正的逐元素映射,它是有规律的,若 $XW=Y$,当矩阵 X 的第 i 行与矩阵 W 的第 j 列进行内积产生 $Y[i][j]$ 时,其他行其他列均没有贡献(而不是像式(9-3)那样产生 $f(X)_{\{0,0\}}$ 时所有的 X_i 都参与了),它们的导数都为 0,即虽然 Y 对 X 的导数组成的张量 J 是四维的,但若是矩阵乘法,这些导数中有大量的 0,矩阵乘法定义如下:

$$Y_{i,j} = \sum_k X_{i,k} W_{k,j} \tag{9-4}$$

由式(9-4)可推出

$$\frac{\partial Y_{i,j}}{\partial X_{i,k}} = W_{k,j} \tag{9-5}$$

由式(9-4)和式(9-5)可以得到 3 个结论:① 对 $J[i,j,k,l] = \frac{\partial Y_{i,j}}{\partial X_{k,l}}$ 不为 0 的条件为 $i=k$;② $J[i,j,k,l]$ 中的所有值都来自 W;③ $\frac{\partial Y_{i,j}}{\partial X_{i,k}}$ 每行都相等。

只写出公式虽然精确却不够直观,定义 $X:[m\times n]$ 和 $W:[n\times s]$,则 $Y=XW:[m\times s]$,则计算过程如下:

$$\begin{bmatrix} x_{11} & \cdots & x_{1n} \\ \vdots & \ddots & \vdots \\ x_{m1} & \cdots & x_{mn} \end{bmatrix} \times \begin{bmatrix} w_{11} & \cdots & w_{1s} \\ \vdots & \ddots & \vdots \\ w_{n1} & \cdots & w_{ns} \end{bmatrix} = \begin{bmatrix} y_{11} & \cdots & y_{1s} \\ \vdots & \ddots & \vdots \\ y_{m1} & \cdots & y_{ms} \end{bmatrix} \tag{9-6}$$

其中 Y 对 X 所有元素间导数构成 J:

$$J = \begin{bmatrix} \frac{\partial Y}{\partial x_{11}} & \cdots & \frac{\partial Y}{\partial x_{1n}} \\ \vdots & \ddots & \vdots \\ \frac{\partial Y}{\partial x_{m1}} & \cdots & \frac{\partial Y}{\partial x_{mn}} \end{bmatrix} \tag{9-7}$$

其中,

$$\frac{\partial Y}{\partial x_{11}} = \begin{bmatrix} \frac{\partial y_{11}}{\partial x_{11}} & \cdots & \frac{\partial y_{1s}}{\partial x_{11}} \\ \vdots & \ddots & \vdots \\ \frac{\partial y_{m1}}{\partial x_{11}} & \cdots & \frac{\partial y_{ms}}{\partial x_{11}} \end{bmatrix} \tag{9-8}$$

代入矩阵乘法的定义:

$$\frac{\partial Y}{\partial x_{11}} = \begin{bmatrix} \frac{\partial(x_{11}w_{11}+x_{12}w_{21}+\cdots+x_{1n}w_{n1})}{\partial x_{11}} & \cdots & \frac{\partial(x_{11}w_{1s}+x_{12}w_{2s}+\cdots+x_{1n}w_{ns})}{\partial x_{11}} \\ \vdots & \ddots & \vdots \\ \frac{\partial(x_{m1}w_{11}+x_{m2}w_{21}+\cdots+x_{mn}w_{n1})}{\partial x_{11}} & \cdots & \frac{\partial(x_{m1}w_{1s}+x_{m2}w_{2s}+\cdots+x_{mn}w_{ns})}{\partial x_{11}} \end{bmatrix}$$

因此：

$$\frac{\partial Y}{\partial x_{11}} = \begin{bmatrix} w_{11} & \cdots & w_{1s} \\ \vdots & \ddots & \vdots \\ 0 & \cdots & 0 \end{bmatrix} \tag{9-9}$$

代回式(9-7)：

$$J = \begin{bmatrix} \begin{bmatrix} w_{11} & \cdots & w_{1s} \\ \vdots & \ddots & \vdots \\ 0 & \cdots & 0 \end{bmatrix} & \cdots & \begin{bmatrix} w_{n1} & \cdots & w_{ns} \\ \vdots & \ddots & \vdots \\ 0 & \cdots & 0 \end{bmatrix} \\ \vdots & \ddots & \vdots \\ \begin{bmatrix} 0 & \cdots & 0 \\ \vdots & \ddots & \vdots \\ w_{11} & \cdots & w_{1s} \end{bmatrix} & \cdots & \begin{bmatrix} 0 & \cdots & 0 \\ \vdots & \ddots & \vdots \\ w_{n1} & \cdots & w_{ns} \end{bmatrix} \end{bmatrix} \tag{9-10}$$

你可能会想，我在 PyTorch 好像并没有见过式(9-10)这么复杂的梯度。那是因为深度学习的梯度总是 loss 对各个参数的，loss 是一个标量而并不是矩阵，一个标量对一个矩阵的所有导数当然是二维的而不是四维的，因此下面的代码会报错：

```
X = torch.randn([5,3],requires_grad = True)
W = torch.randn([3,2],requires_grad = True)
Y = torch.matmul(X,W)
Y.backward()
```

输出如下：

```
Error: grad can be implicitly created only for scalar outputs
```

特别地，当要求标量对矩阵的导数时，"X_i 影响每个 Y_i"这句话就变成了"X_i 影响 y"，$\frac{\partial Y}{\partial X}$ 其实是 J 中每个矩阵的求和，因为在一次求导中梯度是累加的，X_i 通过多个途径影响 Y_i 最终都会作用到标量 y 上，则

$$\frac{\partial Y}{\partial X} = \begin{bmatrix} w_{11}+w_{12}+\cdots+w_{1s} & \cdots & w_{n1}+w_{n2}+\cdots+w_{ns} \\ \vdots & \ddots & \vdots \\ w_{11}+w_{12}+\cdots+w_{1s} & \cdots & w_{n1}+w_{n2}+\cdots+w_{ns} \end{bmatrix} \tag{9-11}$$

将 Y 求和变成一个标量，才能用 PyTorch 得到此标量对于 X 和 W 的导数，代码如下：

```
#Chapter09/09-3/1.autograd.py

import torch

X = torch.randn([5, 3], requires_grad = True)
W = torch.randn([3, 2], requires_grad = True)
```

```
Y = torch.matmul(X, W)

scalar = Y.sum()
scalar.backward()

print("X.grad")
print(X.grad)
print("W")
print(W)
```

输出如下：

```
X.grad
tensor([[ 0.1985,  0.8961, -0.9045],
        [ 0.1985,  0.8961, -0.9045],
        [ 0.1985,  0.8961, -0.9045],
        [ 0.1985,  0.8961, -0.9045],
        [ 0.1985,  0.8961, -0.9045]])
W
tensor([[-0.5680,  0.7665],
        [ 1.2867, -0.3906],
        [-0.1928, -0.7117]], requires_grad=True)
```

可以看出与式(9-11)推导的结果一致，X 的导数每行均相等，且每列中的元素为 W 中各行的和。同理可验证 W 的导数每列均相等，且每行中的元素为 X 中各列的和。

接下来讨论矩阵导数的链式法则，其规则仍是元素间的导数。

设定义 $X:[m \times n]$，$W:[n \times s]$，则 $A = XW:[m \times s]$，$Y = f(A)$。由标量的链式法则展开式(9-7)：

$$J = \begin{bmatrix} \dfrac{\partial Y}{\partial x_{11}} & \cdots & \dfrac{\partial Y}{\partial X x_{1n}} \\ \vdots & \ddots & \vdots \\ \dfrac{\partial Y}{\partial x_{m1}} & \cdots & \dfrac{\partial Y}{\partial x_{mn}} \end{bmatrix} = \begin{bmatrix} \dfrac{\partial Y}{\partial A}\dfrac{\partial A}{\partial x_{11}} & \cdots & \dfrac{\partial Y}{\partial A}\dfrac{\partial A}{\partial x_{1n}} \\ \vdots & \ddots & \vdots \\ \dfrac{\partial Y}{\partial A}\dfrac{\partial A}{\partial x_{m1}} & \cdots & \dfrac{\partial Y}{\partial A}\dfrac{\partial A}{\partial x_{mn}} \end{bmatrix} \quad (9\text{-}12)$$

其中

$$\dfrac{\partial Y}{\partial A}\dfrac{\partial A}{\partial x_{11}} = \begin{bmatrix} f'(A)_{11} & \cdots & f'(A)_{1s} \\ \vdots & \ddots & \vdots \\ f'(A)_{m1} & \cdots & f'(A)_{ms} \end{bmatrix} \odot \begin{bmatrix} w_{11} & \cdots & w_{1s} \\ \vdots & \ddots & \vdots \\ 0 & \cdots & 0 \end{bmatrix} \quad (9\text{-}13)$$

即 x_{11} 对 Y 中各元素的影响等于 x_{11} 对 A 中各元素的影响乘以 A 中对应元素对 Y 中各元素的影响，这个"对应位置"在这里表现为哈达玛积(Hadamard product)。

因此：

$$J = \begin{bmatrix} \begin{bmatrix} f'(\boldsymbol{A})_{11} & \cdots & f'(\boldsymbol{A})_{1s} \\ \vdots & \ddots & \vdots \\ f'(\boldsymbol{A})_{m1} & \cdots & f'(\boldsymbol{A})_{ms} \end{bmatrix} \odot \begin{bmatrix} w_{11} & \cdots & w_{1s} \\ \vdots & \ddots & \vdots \\ 0 & \cdots & 0 \end{bmatrix} & \cdots & \begin{bmatrix} f'(\boldsymbol{A})_{11} & \cdots & f'(\boldsymbol{A})_{1s} \\ \vdots & \ddots & \vdots \\ f'(\boldsymbol{A})_{m1} & \cdots & f'(\boldsymbol{A})_{ms} \end{bmatrix} \odot \begin{bmatrix} w_{n1} & \cdots & w_{ns} \\ \vdots & \ddots & \vdots \\ 0 & \cdots & 0 \end{bmatrix} \\ & \vdots & & \ddots & & \vdots \\ \begin{bmatrix} f'(\boldsymbol{A})_{11} & \cdots & f'(\boldsymbol{A})_{1s} \\ \vdots & \ddots & \vdots \\ f'(\boldsymbol{A})_{m1} & \cdots & f'(\boldsymbol{A})_{ms} \end{bmatrix} \odot \begin{bmatrix} 0 & \cdots & 0 \\ \vdots & \ddots & \vdots \\ w_{11} & \cdots & w_{1s} \end{bmatrix} & \cdots & \begin{bmatrix} f'(\boldsymbol{A})_{11} & \cdots & f'(\boldsymbol{A})_{1s} \\ \vdots & \ddots & \vdots \\ f'(\boldsymbol{A})_{m1} & \cdots & f'(\boldsymbol{A})_{ms} \end{bmatrix} \odot \begin{bmatrix} 0 & \cdots & 0 \\ \vdots & \ddots & \vdots \\ w_{n1} & \cdots & w_{ns} \end{bmatrix} \end{bmatrix}$$

(9-14)

其中 $\dfrac{\partial \boldsymbol{Y}}{\partial \boldsymbol{A}}$ 就是反向传播中传递过来的 grad，若 Y 为标量，$\dfrac{\partial Y}{\partial \boldsymbol{X}}$ 可以简化为

$$\begin{bmatrix} f'(\boldsymbol{A})_{11}W_{11}+f'(\boldsymbol{A})_{12}W_{12}+\cdots+f'(\boldsymbol{A})_{1s}W_{1s} & \cdots & f'(\boldsymbol{A})_{11}W_{n1}+f'(\boldsymbol{A})_{12}W_{n2}+\cdots+f'(\boldsymbol{A})_{1s}W_{ns} \\ \vdots & \ddots & \vdots \\ f'(\boldsymbol{A})_{m1}W_{11}+f'(\boldsymbol{A})_{m2}W_{12}+\cdots+f'(\boldsymbol{A})_{ms}W_{1s} & \cdots & f'(\boldsymbol{A})_{m1}W_{n1}+f'(\boldsymbol{A})_{m2}W_{n2}+\cdots+f'(\boldsymbol{A})_{1s}W_{ns} \end{bmatrix}$$

(9-15)

这个式子恰好可以通过矩阵乘法简明地得到：

$$\dfrac{\partial \boldsymbol{Y}}{\partial \boldsymbol{X}} = \dfrac{\partial \boldsymbol{Y}}{\partial \boldsymbol{A}} \times \boldsymbol{W}^{\mathrm{T}} \tag{9-16}$$

同理可以得到：

$$\dfrac{\partial \boldsymbol{Y}}{\partial \boldsymbol{W}} = \boldsymbol{X}^{\mathrm{T}} \times \dfrac{\partial \boldsymbol{Y}}{\partial \boldsymbol{A}} \tag{9-17}$$

如果神经网络用到的每个运算的导数都这样推导表达式多少有些烦琐，实际上可以取巧，因为既然我们知道 $\boldsymbol{X}$ 的导数与 $\boldsymbol{X}$ 形状相同，而其中的值遵循的是标量导数的规则，那么我们只要把张量当作普通标量，根据标量求导公式计算参数都为标量时的导数表达式，然后根据把标量换成张量并根据维度的要求来转置，选择左乘或右乘即可。

我们换成维度分析的方法来讨论反向传播中的矩阵乘法。之前我们提到神经网络中的每一层都是 $\sigma(\boldsymbol{W}x+b)$，这其实是为了说明这是一个线性函数套一个非线性函数，当输入 $\boldsymbol{X}$ 是矩阵时，$\boldsymbol{X}$ 的形状为 [batch_size, input_size]，$\boldsymbol{W}$ 的形状为 [input_size, hidden_size]，而矩阵 $\boldsymbol{AB}$ 相乘时结果 $\boldsymbol{C}$ 的行数取决于 $\boldsymbol{A}$ 的行数，结果 $\boldsymbol{C}$ 的列数取决于 $\boldsymbol{B}$ 的列数，如果是 $\boldsymbol{WX}$，那么结果的行数应该与 $\boldsymbol{W}$ 的行数相同，这是不符合直觉的，我们希望 $\boldsymbol{X}$ 有 batch_size 行，结果也应该是 batch_size 行，因此我们将线性层的公式改写成 $\sigma(\boldsymbol{XW}+b)$。

现在假设在一个反向传播的过程中，设损失值（标量）为 loss，某一层中 $\boldsymbol{XW}+b$ 的值为 $\boldsymbol{Y}$，我们已知 $\dfrac{\partial \mathrm{loss}}{\partial \boldsymbol{Y}}$，求 $\dfrac{\partial \mathrm{loss}}{\partial \boldsymbol{W}}$。

若 $\boldsymbol{X}$ 的形状为 $m \times n$，$\boldsymbol{W}$ 的形状为 $n \times s$，则 $\boldsymbol{Y}$ 的形状为 $m \times s$，因为 loss 是一个标量，$\boldsymbol{Y}$ 的任何一维变化都能对其造成影响，所以 $\dfrac{\partial \mathrm{loss}}{\partial \boldsymbol{Y}}$ 与 $\boldsymbol{Y}$ 的形状一致，为 $m \times s$；同理，$\dfrac{\partial \mathrm{loss}}{\partial \boldsymbol{W}}$ 的形状与 $\boldsymbol{W}$

的形状一致,为 $n\times s$。

由链式法则 $\frac{\partial Y}{\partial W}\times\frac{\partial \text{loss}}{\partial Y}=\frac{\partial \text{loss}}{\partial W}$,其中 $\frac{\partial \text{loss}}{\partial Y}$ 为 $m\times s$,$\frac{\partial \text{loss}}{\partial W}$ 为 $n\times s$,可得 $\frac{\partial Y}{\partial W}$ 为 $n\times m$。对标量表达式 $y=wx+b$ 求导,$\frac{\partial y}{\partial W}=x$,而 X 的形状为 $m\times n$,所以 $\frac{\partial Y}{\partial W}$ 应该为 $X^{\mathrm{T}}\times\text{grad}$,代码如下:

```cpp
class MatrixMultiply : public Function {
    Tensor matrixA;
    Tensor matrixB;
    ...
    void backward(Tensor grad) override {
        matrixA.addGrad(forward({grad, matrixB.transpose()}));
        matrixB.addGrad(forward({matrixA.transpose(), grad}));
    }
};
```

同理可以得到 MSELoss 的 backward,伪代码如下:

```cpp
//Chapter09/09-1/2.Function.cpp

class MSELoss : public Function {
    Tensor tensor1;
    Tensor tensor2;
public:
    Tensor forward(vector<Tensor> inputs) override {
        float sum = 0;
        tensor1 = inputs[0];
        tensor2 = inputs[1];
        int size = tensor1.getData().size();
        for (int i = 0; i < size; ++i) {
            sum += pow((tensor1.getData()[i] - tensor2.getData()[i]), 2);
        }
        Tensor result = Tensor::fromVector({sum/(tensor1.getData().size())}, {1});
        return result;
    }
    void backward(Tensor grad) override {
        tensor1.addGrad((tensor1 - tensor2) * 2 * grad[0]);
        tensor2.addGrad((tensor2 - tensor1) * 2 * grad[0]);
    }
};
```

我们考虑了运算的过程之后,决定在 Tensor 中添加两个功能:①添加 transpose 函数以支持矩阵转置;②让+、-运算能够广播。$XW+b$ 中的 b 并不是一个与 XW 相同形状的矩阵,而只是一个向量,为了支持矩阵和向量的加法,我们需要修改 Tensor 重载的＋和－运算符部分代码,让其支持广播。

1. Tensor 添加转置函数

转置,即 a_{ij} 的值放到 $[j,i]$ 位置,代码如下:

```cpp
Tensor transpose() {
    Tensor result{{shape[1],shape[0]}};
    for (int i = 0; i < shape[0]; ++i) {
        for (int j = 0; j < shape[1]; ++j) {
            result[{j, i}] = (*this)[{i, j}];
        }
    }
    return result;
}
```

注意:通常我们谈转置都是指矩阵,不过张量也是可以转置的(或者说按维度重排),大于或等于三维的张量转置结果通常不唯一。

this 是一个指针,通过 * this 可以获得当前对象。

2. 支持广播

例如 **A**＋**b** 形状不同,但能广播的条件是 **b** 比 **A** 少最后一个维度,前面的维度都相同,例如 **A** 为 2×3,则 **b** 为三维向量。扩展到张量＋张量也一样,例如[2,3,4,5]和[3,4,5]是可加的,前者内部 data 是后者的 2 倍长,而[2,2,3,4]和[2,2,3]则不可加。

依旧采用"偏移"的思路,找出广播两方内部 data 的关系,参考代码如下:

```cpp
Tensor operator + (Tensor tensor) {
    if (tensor.shape.size() == shape.size()) {
        Tensor result{shape};
        for (int i = 0; i < data.size(); ++i) {
            result.data[i] = data[i] + tensor.data[i];
        }
        return result;
    } else if (shape.size() > tensor.shape.size()) {
        Tensor result{shape};
        for (int i = 0; i < data.size(); ++i) {
            result.data[i] = data[i] + tensor.data[i % (tensor.data.size())];
        }
        return result;
    } else if (tensor.shape.size() < shape.size()) {
        Tensor result{tensor.shape};
        for (int i = 0; i < tensor.data.size(); ++i) {
            result.data[i] = data[i % (tensor.data.size())] + tensor.data[i];
        }
```

```
        return result;
    }
}
```

此代码可以简化一点,代码如下:

```
Tensor operator + (Tensor tensor) {
    Tensor result{shape.size() > tensor.shape.size() ? shape : tensor.shape};
    for (int i = 0; i < result.data.size(); ++i) {
        result.data[i] = data[i % (data.size())] + tensor.data[i % (tensor.data.size())];
    }
    return result;
}
```

9.1.4 优化

尽管我们已经实现了张量的运算,并且其从数学原理和算法的角度像模像样,但从 C++ 程序和代码规范的角度来看简直不堪入目,完全按照工程思路写的 C++ 代码又会影响对深度学习原理的理解,因此只在这里统一介绍问题和解决的办法。

1. 添加 printTensor 方法

目前我们没有很好的观察一个张量的方式,因此需要在 Tensor 类中添加一个 printTensor 方法,规则如下:每个元素之间使用逗号分隔,第一个维度使用一个回车分割,之后的更高维度回车的数量依次增加。原理即维度的定义,也就是数据的组织方式,代码如下:

```
//Chapter07/07-1/1.Tensor.cpp

void printTensor() {
    vector< int > dimensionSizes;
    int currentDimensionSize = 1;
    for (int i = (int)shape.size() - 1; i >= 0; --i) {
        currentDimensionSize *= shape[i];
        dimensionSizes.push_back(currentDimensionSize);
    }
    for (int i = 0; i < data.size(); ++i) {
        printf("%f", data[i]);
        if (i == data.size() - 1) {
            return;
        }
        printf(",");
        for (int dimensionSize:dimensionSizes) {
            if ((i + 1) % dimensionSize == 0) {
                printf("\n");
            }
        }
```

```
        }
        printf("\n");
}
```

测试代码如下：

```
Tensor tensor{{2, 3, 4}};
tensor.printTensor();
```

输出如下：

```
0.000000,0.000000,0.000000,0.000000,
0.000000,0.000000,0.000000,0.000000,
0.000000,0.000000,0.000000,0.000000,

0.000000,0.000000,0.000000,0.000000,
0.000000,0.000000,0.000000,0.000000,
0.000000,0.000000,0.000000,0.000000,
```

这个简单的遍历函数由于需要对任意维度的张量都有效，所以显得有些复杂。我们使用 PyTorch 的时候，会发现 PyTorch 提供的许多运算会明确要求维度，例如卷积层，一定要输入 4 个维度且按照 [batch_size, channel, height, width] 的顺序，就算 batch_size 是 1 也可以，但直接传一张图片不行，显得很不友好，因为要应对任意维度的输入是有困难的，可能会使代码变得冗长，或许还会引起错误，不如约定好输入的维度。

2. 使用指针和引用

函数调用和返回值赋值需要经过两次复制：从实参到形参和从保存返回值的临时变量到接收返回值的变量（后者通常会被优化）。如果是基础数据类型倒也无所谓，但这种复制对于 vector<float> 就是一项无意义的消耗了（要知道目前神经网络参数量是数以亿计的）。因此我们只在需要复制的时候复制，否则只传递指向内存中那大块数据的指针，因为指针指存储一个地址，不论它指向多大的对象，其大小都是固定的 4 字节（64 位环境为 8 字节）。在实现上，常用引用代替一部分一级指针。

我们以 Tensor::fromVector 为例进行演示，代码如下：

```
static Tensor fromVectorDeprecated(vector<float> data, vector<int> Shape) {
    Tensor tensor{ };
    tensor.data = data;
    tensor.shape = shape;
    return tensor;
}
```

修改为传 const 引用（背后是传指针），代码如下：

```cpp
static Tensor fromVector(const vector<float>& data, const vector<int>& Shape) {
    Tensor tensor{};
    tensor.data = data;
    tensor.shape = Shape;
    return tensor;
}
```

然后使用一个例子,测试简单地将对象换成引用后速度快了多少,代码如下:

```cpp
int main{
    constexpr int testDataNum = 50000000;
    vector<float> data;
    data.reserve(testDataNum);
    for (int i = 0; i < testDataNum; ++i) {
        data.push_back(i);
    }

    clock_t start, end;
    start = clock();
    Tensor tensor = Tensor::fromVectorDeprecated(data,{1,testDataNum});
    end = clock();                  //结束时间
    printf("fromVectorDeprecated: %f\n", float(end - start) / CLOCKS_PER_SEC);


    start = clock();
    Tensor tensor2 = Tensor::fromVector(data,{1,testDataNum});
    end = clock();                  //结束时间
    printf("fromVector: %f\n", float(end - start) / CLOCKS_PER_SEC);
}
```

输出如下:

```
fromVectorDeprecated: 0.240000
fromVector: 0.106000
```

也就说简单地将形参改为引用,速度就会翻倍,这省去了函数传参时的复制。

但是这仍然太慢了,在我们看来,当一个向量转换成 Tensor 后,Tensor 中的 data 应该直接指向原来的向量,而不是复制一份。这需要使用移动语义,代码如下:

```cpp
static Tensor fromVectorMove(vector<float>& data, const vector<int>& shape) {
    Tensor tensor{};
    tensor.data = std::move(data);
    tensor.shape = shape;
    return tensor;
}
```

测试结果如下:

```
fromVectorMove:0.000000
```

也就是说这种情况下耗时几乎可以忽略不计。

注意:返回值赋给变量的过程发生的复制操作会被编译器优化,背后也是指针操作。

不过,这并不符合"引用类型的参数都需要加 const"的约定,调用这个函数的人不一定知道自己传入的向量被清空了(移动给张量),说不定他还要用这个向量做别的事情,因此我们将函数签名更改为指针,代码如下:

```
static Tensor fromVectorMove(vector<float>* data, const vector<int>& shape) {
    Tensor tensor{};
    tensor.data = std::move(*data);
    tensor.shape = shape;
    return tensor;
}
```

注意:*data 只是告诉编译器按一个对象的语法处理它(例如遇到运算符的时候),并没有在栈上生成一个临时对象来消耗性能。

测试代码如下:

```
Tensor tensor3 = Tensor::fromVectorMove(&data,{1,testDataNum});
```

3. 为 get 添加属性指示符

属性指示符格式:[[identifier]],添加在类、变量、函数的声明前,其起到限制使用方式的作用。

getData 和 getShape 不会产生其他作用,其返回值不应该不被使用,因此应该添加 [[nodiscard]]。

当我们写出下面语句,只是调用了 getData 函数,其返回值却被直接丢弃,代码如下:

```
tensor.getData();
```

编译器将会发出警告:

```
Warning: Ignoring return value of function declared with 'nodiscard' attribute
```

9.2 构建计算图

如果要让网络具有自动梯度的能力,则需要保证传递的 Tensor 不是副本,而是指针。

9.2.1 数据结构

C++实现的图与之前的 Python 版本原理并无不同,代码如下:

```cpp
//Chapter09/09-2/compute_graph.h
#ifndef TEST_COMPUTE_GRAPH_H
#define TEST_COMPUTE_GRAPH_H

#include <vector>
#include <memory>
#include <unordered_map>
#include <unordered_set>

class Graph;
class Tensor;

class Node {
    int id;

public:
    std::vector<Node *> previousNodes;
    std::vector<Node *> nextNodes;

    int getId() const { return id; }

    virtual void backward(Tensor *grad_context = nullptr) = 0;
};


class Graph {
    std::unordered_set<Node *> nodes;

public:
    void addEdge(Node *tail, Node *head) {
        nodes.insert(tail);
        nodes.insert(head);
        tail->nextNodes.emplace_back(head);
        head->previousNodes.emplace_back(tail);
    }

    void traverse() {
        for (Node *node:nodes) {
```

```cpp
            printf("\n%d: ", node->getId());
            for (Node *nextNode:node->nextNodes) {
                printf("%d ", nextNode->getId());
            }
        }
    }
};

#endif            //TEST_COMPUTE_GRAPH_H
```

9.2.2 张量

张量类需要继承 Node 类并重写 backward 方法，以在反向传播中更新自身的梯度，代码如下：

```cpp
class Tensor : public Node {
    std::vector<float> data;
    std::vector<int> shape;
    std::vector<float> grad;


public:
    ...
    //更新自身梯度并转发梯度
    void backward(Tensor *grad_context = nullptr) override {
        if (grad_context != nullptr) {
            for (int i = 0; i < grad_context->getData().size(); ++i) {
                grad[i] += grad_context->getData()[i];
            }
        }
        for (Node *node:previousNodes) {
            node->backward(grad_context);
        }
    }

    std::vector<float> getData() const { return data; }

    static Tensor *fromVectorMove(std::vector<float> &data, const std::vector<int> &shape) {
        Tensor *tensor = new Tensor;
        tensor->grad = std::vector<float>(data.size());
        tensor->data = std::move(data);
        tensor->shape = shape;
        return tensor;
    }
```

```cpp
    Tensor *transpose() {
        std::vector<float> resultVector;
        resultVector.resize(shape[0] * shape[1]);
        for (int i = 0; i < shape[0]; ++i) {
            for (int j = 0; j < shape[1]; ++j) {
                resultVector[j * shape[0] + i] = data[i * shape[1] + j];
            }
        }
        return fromVectorMove(resultVector, {shape[1], shape[0]});
    }

    std::vector<int> getShape() const { return shape; }
};
```

9.2.3 运算

运算同样继承 Node,但其多定义一个 forward 方法,代码如下:

```cpp
class Function : public Node {
public:
    virtual Tensor *forward(const std::vector<Tensor *> &inputs) = 0;
};
```

需要定义一个内部矩阵乘法实现(一维实现),该函数不会被记录到计算图中,代码如下:

```cpp
Tensor *internalMatrixMultiply(const Tensor &matrixA,
                               const Tensor &matrixB) {
    int matrixAHeight = matrixA.getShape()[0];
    int matrixAWidth = matrixA.getShape()[1];
    int matrixBWidth = matrixB.getShape()[1];

    std::vector<float> resultVector;
    resultVector.resize(matrixAHeight * matrixBWidth);
    for (int i = 0; i < matrixAHeight; ++i) {
        for (int j = 0; j < matrixBWidth; ++j) {
            for (int k = 0; k < matrixAWidth; ++k) {
                (resultVector)[i * matrixBWidth + j] +=
                    matrixA.getData()[i * matrixAWidth + k] *
                    matrixB.getData()[k * matrixBWidth + j];
            }
        }
    }
    Tensor *resultTensor = Tensor::fromVectorMove(resultVector, {matrixAHeight, matrixBWidth});
    return resultTensor;
}
```

之后和 Python 版本一样需要定义运算类和对应的调用函数，代码如下：

```cpp
class Multiply : public Function {
    Tensor *forward(const std::vector<Tensor *> &inputs) override {

        Tensor *resultTensorNode = internalMatrixMultiply(*inputs[0], *inputs[1]);
        graph.addEdge(this, resultTensorNode);
        return resultTensorNode;
    }

public:
    void backward(Tensor *grad_context) override {
        auto matrixA = dynamic_cast<Tensor *>(previousNodes[0]);
        auto matrixB = dynamic_cast<Tensor *>(previousNodes[1]);
        previousNodes[0]->backward(internalMatrixMultiply(*grad_context, *matrixB->transpose()));
        previousNodes[1]->backward(internalMatrixMultiply(*matrixA->transpose(), *grad_context));
    }
};

Tensor *matrixMultiply(Tensor *x, Tensor *y) {
    Function *multiplyNode = new Multiply();
    graph.addEdge(x, multiplyNode);
    graph.addEdge(y, multiplyNode);
    return multiplyNode->forward({x, y});
}


class Sum : public Function {
    Tensor *forward(const std::vector<Tensor *> &inputs) override {
        float sum = 0;
        for (float element : inputs[0]->getData()) {
            sum += element;
        }
        std::vector<float> resultVector{sum};
        Tensor *resultTensorNode = Tensor::fromVectorMove(resultVector, {1});
        graph.addEdge(this, resultTensorNode);
        return resultTensorNode;
    }

public:
    void backward(Tensor *grad_context = nullptr) override {
        auto tensor = dynamic_cast<Tensor *>(previousNodes[0]);
        std::vector<float> grad_ones;
        grad_ones.resize(tensor->getData().size());
```

```cpp
        for (int i = 0; i < tensor->getData().size(); ++i) {
            grad_ones[i] = 1;
        }
        previousNodes[0]->backward(Tensor::fromVectorMove(grad_ones, tensor->getShape()));
    }
};

Tensor * sum(Tensor * x) {
    Function * addNode = new Sum();
    graph.addEdge(x, addNode);
    return addNode->forward({x});
}
```

9.2.4 测试

测试代码如下：

```cpp
#include "function.h"

int main() {
    std::vector<float> xVector = {-0.0234, -1.8289, -2.8524, -0.0234, -1.8289, -2.8524};
    std::vector<float> wVector = {0.4251, -0.4486, -0.2768, -1.5521, -1.4172, -1.4351};
    Tensor * X = Tensor::fromVectorMove(xVector, {2, 3});
    Tensor * W = Tensor::fromVectorMove(wVector, {3, 2});
    Tensor * A = sum(matrixMultiply(X,W));
    A->backward();
}
```

9.2.5 优化

这个简明的实现会导致内存泄漏，可以通过将指针变为智能指针解决这个问题，但会使代码变得冗长。PyTorch 的做法是将 Node 分为叶子节点和非叶子节点，叶子节点即用户直接创建的节点，而非叶子节点即网络中的中间节点会在一轮反向传播结束后被释放。

9.3 并行计算

与往往只有几个核或十几个核的 CPU 不同，GPU 含有众多运算核心，在运算矩阵时效率很高，不过它并不能独立运行。CPU 不仅参与运算，还作为计算机的控制核心，通常所说的 GPU 计算，是指 CPU 作为主机端（Host）指挥，通过核函数（Kernel）调用 GPU 作为设备端（Device）执行计算。CPU 和 GPU 有独立的内存，两者的数据交互一般通过 PCI-E 总线。

9.3.1　GPU 的结构

因为 CPU 的主频目前因为物理限制提升很困难,单核性能无法大幅度增长,所以目前 CPU 从越来越壮变成了越来越胖,里面含有许多核心,每个核心都有自己独立的运算单元、译码器、串行优化部件等,只共享最后一级缓存。

GPU 是专门用于计算的设备,其含有远比 CPU 多的计算核心,每个计算核心都有自己独立的译码器、逻辑运算单元、执行上下文(用于等待资源到来而阻塞时切换可以执行的任务)等。和 CPU 相比,GPU 的每个计算核心没有独立的缓存(此部分占据 CPU 芯片大部分面积)或缓存很小,而是将显存放在芯片外面,受限于带宽导致 GPU 访存的速度相对比较慢。

CPU 和 GPU 有独立的内存控件,CPU 访问主存,GPU 访问显存,它们之间的交互通过 PCI-E 总线,交互开销较大,如果只处理少量数据,则搬到 GPU 运算再搬回来甚至比直接使用 CPU 运算还慢。

9.3.2　CUDA 简介

CUDA 是显卡厂商 NVIDIA 推出的运算平台。

一个厂家生产了一个设备,例如显卡、网卡,那么就要提供这个设备的驱动程序作为与软件的接口,例如对显卡而言,需要提供绘制图形的函数,当软件调用了函数绘制了一个圆,显卡自己处理自己的部件如何工作、如何计算出像素,以及如何向屏幕发送信号。

而 CUDA 可以看作普通驱动的超集,增加了用于 GPU 编程的各种工具,包括 nvcc 编译器、适用于 GPU(图形处理器)的 GDB 调试器等。

9.3.3　安装 CUDA

在浏览器地址栏输入 https://developer.nvidia.com/cuda-downloads 或在搜索引擎里搜索 CUDA download,进入 CUDA 下载页面,并根据自己的环境选择相应的 CUDA 版本并下载 CUDA 安装包,如图 9-1 所示。

注意:某些版本的 CUDA 可能会引起 Visual Studio 卡顿。

CUDA 安装包可以使用默认选项直接进行安装,安装完成后添加环境变量 CUDA_PATH,值为 CUDA 的安装目录,命令如下(Windows 平台需管理员权限运行 PowerShell,快捷键 Win+X+A):

```
setx /m CUDA_PATH "C:\Program Files\NVIDIA GPU Computing Toolkit\CUDA\v11.1"
```

如果安装一切顺利,此时打开 Visual Studio 2019 将会多出一个 CUDA 项目模板(可在搜索框搜索),可以用来创建新的项目,如图 9-2 所示。

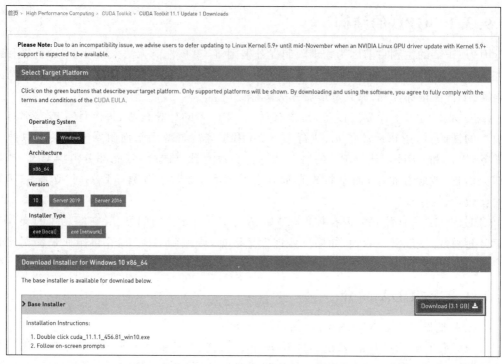

图 9-1　下载 CUDA 安装包

图 9-2　创建 CUDA 项目

创建项目之后可以单击运行,此时可以尝试进行向量的计算,输出如下：

```
{1,2,3,4,5} + {10,20,30,40,50} = {11,22,33,44,55}
```

这就表明 CUDA 的开发环境安装成功。

Visual Studio 运行背后其实是调用了 CUDA 提供的 nvcc 编译器编译 CUDA 代码,该编译器在 CUDA 安装目录下的 bin 目录中,在笔者的计算机上,其路径为 C:\Program Files\NVIDIA GPU Computing Toolkit\CUDA\v11.1\bin\nvcc.exe,而 CUDA 安装时会将 C:\Program Files\NVIDIA GPU Computing Toolkit\CUDA\v11.1\bin 加入环境变量 Path 中,因此可以直接使用 nvcc 调用该编译器,但 nvcc 实际上会调用 Microsoft C/C++ 编译器 cl.exe,而 cl.exe 并不在环境变量中,所以需要将 cl.exe 加入环境变量。

9.3.4 CUDA 基础知识

并行程序要求切分数据及操作一致,这样才能写出有效的数据并行算法,而深度学习中的矩阵运算恰好都有高度一致性。

CUDA 中硬件的概念从大到小为 Device(一块显卡)→SM(Streaming Multiprocessor,一个独立的核心)→SP(Streaming Processor,核心中的一个运算单元,又称 CUDA Core)。

提示：SM 是任务调度的基本单位,SP 是运算的基本单位。即便在 CPU 中,现在通常也不会一个核心只有一个逻辑运算单元(ALU),尽管概念上依旧说一个核在一个时钟周期内只能进行一种运算。

CUDA 中编程概念与硬件概念对应,从大到小依次为 Grid(一个任务函数,如矩阵相乘,含多个 Block,会被分配给一个 Device)→Block(资源调度的基本单位,含多个 Warp,但每次只能占用一个 SM 运行一个 Warp,Block 之间不能数据互通)→Warp(指令调度的基本单位,32 个线程组成的小组,如果出现分支只能依次执行分支选项,并选择不应执行该分支的线程休眠)→Thread(使用 SP 进行计算)。

这里软件为 4 层,硬件为 3 层,有一处不对应,那就是软件那里多了 Block 来管理 Warp。你可能会想,既然一个 Block 里的所有 Warp 只能有一个运行,那为什么不直接去掉 Block,变成 Grid→Warp→Thread 与硬件层级 Device→ SM→SP 一一对应呢？

因为访存速度的限制,存取数据太慢而运算非常快,一个 Block 中有多个 Warp,只要当前 Warp 因为等待数据而阻塞了,便可以直接切换同一个 Block 中的下一个 Warp,不让计算单元处于等待状态,这被称为"延迟掩盖"。

因此硬件与逻辑的对应关系为 Device→Grid,SM→Block,SP→Thread。当然一个 Device 上可以有多个 Grid 同时运行;一个 SM 上也可以运行多个 Block,需要指定,且建议大于 SM 的数量;一个 Block 中同时只能有 32 个线程执行,但需要指定 32 倍个(最少 64 个,建议 256 或 512 个,需多次尝试)线程以延迟屏蔽,最大值受 SM 最大支持线程数限制。

GPU 负责 Warp 的分组和调度,以及访存合并(对连续地址的访存优化,因为访存比计算慢得多,需要尽量避免跳着访问,对高维数据访问可选择使用 shared_memory 进行优化)。

9.3.5　CUDA 编程

1. 声明核函数

在函数声明前加上__global__声明一个核函数,代码如下:

```
__global__ void testKernelFunction(float * A, float * B, float * C) {
    /* 核函数体 */
}
```

提示:这里的__global__是 CUDA C 拓展的语法,因为 C/C++没有反射。对 Java 和 Python 来说,类似于@global;对 C#而言,类似于[global]。

核函数的返回值必须为 void。

2. 调用核函数

调用核函数时,需要在参数前使用<<< blockSize,threadPerBlock >>>的方式指定 Block 和 Thread 的数量(类似 vector<float>的形式,但显然不是一类语法,所以 CUDA 自创了一种语法),实例代码如下:

```
Kernel_function_name <<< 1, 1 >>> ();、
```

3. 测试代码

创建一个 main.cu,代码如下:

```
__global__ void Kernel(void){
    printf("Kernel function\n");
}

int main() {
    Kernel <<< 1,2 >>>();
    return 0;
}
```

在 Visual Studio 中或在命令行环境的同级文件夹使用 nvcc 编译(确保已按照 8.7.6 节将 cl.exe 设定在环境变量中),命令如下:

```
nvcc main.cu
```

这时可以执行已编译好的 main.exe,命令如下:

```
./a.exe
```

输出如下：

```
Kernel function
Kernel function
```

4．动态内存管理

这里对内存的申请和管理做一个简要介绍。

在使用高级语言时，动态内存的分配和释放都是自动完成的，但 CUDA C 接近底层，就不得不自行管理动态内存了。

（1）使用 malloc 函数和 free 函数申请和释放内存。

在 C++ 中使用 new 关键字申请 4 字节内存，代码如下：

```
int p* = new int(5);
```

注意：这里其实还在栈上申请了一块指针大小的内存，但栈上的内存是自动申请和释放的。

不过，new 是 C++ 的关键字，在 C 语言中需要使用 malloc(memory allocate)函数来申请指定大小的内存。malloc 函数的参数用来申请内存空间的大小，返回值是申请得到的内存的首地址所包装的一个无类型（void *）指针，需要转换成特定类型指针才能使用，代码如下：

```
#include <memory>

int main() {
    int * p = (int * )malloc(4);
}
```

提示：new 是关键字，可以直接使用，而 malloc 是标准库提供的函数，需要引入头文件才可以使用。

（2）指针可以代表一个数组。

既然指针中存储的值是一个地址，可以对其加 1，这样是不是就可以访问变量旁边的那个内存了？确实如此，代码如下：

```
int * p = (int * )malloc(4);
p++;
printf("%d", *p);
```

输出如下：

```
-33686019
```

因为不知道这块内存属于谁,所以返回的结果是不确定的。但不管如何,通过指针 p 的偏移就可以得到一系列内存空间的地址,p 其实充当了数组首元素地址的作用,因为数组中的元素在内存中是连续排列的,所以 array[i] 其实就是 *(array+i),因此还可以这样实现,代码如下:

```
int * p = (int * )malloc(4);
printf("%d", p[2]);
```

当然实践中需要多少空间申请多少,让 malloc 函数帮我们寻找一块足够大小的空闲内存,即便在 C 语言中数组越界可能不报错,也不能出现这种未定义的行为,通常申请数组会用到关键字 sizeof,其返回数据类型或变量占用的内存大小(以字节为单位),因此申请一个数组所需空间的代码如下:

```
int array_length = 10;
int * array = (int * )malloc(sizeof(int) * array_length);
```

但问题是,C 语言数组作为函数参数时会退化为指针,一个在其他编程语言中语义正确但在 C 语言中错误的数组求和函数,其代码如下:

```
int sum(int array[]) {
    int sum = 0;

    for (int i = 0; i < sizeof(sizeof(arrry)/ sizeof(int)); ++i) {
        sum += array[i];
    }
    return sum;
}
```

测试代码:

```
int main() {
    int arrry[] = {0, 1, 2, 3, 4, 5};
    printf("sum : %d", sum(arrry));
}
```

输出如下:

```
sum : 0
```

这个结果显然是错误的,实际上在 CLion 中写这段代码,它会直接发出警告:

```
sizeof on array function parameter will return size of 'int * ' instead of 'int []'
```

即数组作为函数参数时,传入的只是个 int *,对其 sizeof 会得到 int * 的长度而不是数组的整个长度。因此在 C 语言中对数组操作的函数需要一个 length 参数,要求调用者传入数组的长度。也因为这个原因,在 C 语言中数组作为函数参数时,往往不写成 int[],而是写成 int *,以免误解。数组求和的正确代码如下:

```
int sum(int * arrry, int length) {
    int sum = 0;
    for (int i = 0; i < length; i++)
    {
        sum += arrry[i];
    }
    return sum;
}
```

测试代码如下:

```
int main() {
    int arrry[] = { 0, 1, 2, 3, 4, 5 };
    printf("sum : %d", sum(arrry,sizeof(arrry)/ sizeof(int)));
}
```

输出如下:

```
sum : 15
```

不再使用一段内存时,使用 free() 函数将其释放,代码如下:

```
free(array);
```

既然 int * 就是 int[],那么 char * 是什么呢?实际上就是字符串(C 语言中并没有一个名为 string 的字符串类型),代码如下:

```
char * c_string = "Hello!";
```

打印它需要使用 printf 中的 %s 占位符,代码如下:

```
printf("%s", c_string);
```

输出如下:

```
Hello!
```

既然一维数组(p[])是一级指针(p *),那么二级指针 p ** 是什么?当然是数组的数组,即每个元素都是数组的数组,也就是矩阵了,代码如下:

```cpp
//Chapter07/07-3/1.dynamic_memory.cpp

#include <memory>

int main(){
    int m = 2;
    int n = 3;
    int** matrix = (int**)malloc(sizeof(int*) * m);
    for (int i = 0; i < m; ++i) {
        matrix[i] = (int*)malloc(sizeof(int) * n);
    }

    for (int i = 0; i < m; ++i) {
        for (int j = 0; j < n; ++j) {
            printf("%d ",matrix[i][j]);
        }
        printf("\n");
    }
}
```

输出如下：

```
-842150451 -842150451 -842150451
-842150451 -842150451 -842150451
```

—842150451 代表该单元并进行初始化，因为 malloc 函数只负责分配一块可用内存，不负责将其初始化为 0。初始化可以使用 memset 函数，参数为初始化开始的地址（指针）、初始化的值、长度，代码如下：

```cpp
memset(&matrix[i],0,n);
```

使用 malloc 和 free 函数可以申请和释放主存资源，CPU 可以从中存取数据。而管理显存资源需要使用 cudaMalloc 和 cudaFree。

cudaMalloc 的参数为 CPU 变量的地址（二级指针）、申请的空间大小（单位：字节），返回值为 cudaError，其伪代码如下：

```cpp
void cudaMalloc(void** p,int size){
    *p = (void*)malloc(size);
}
```

之前提到过，如果要改变传入变量的值（给这里的 void* 也就是 void[]赋值），按规范应该在函数里使用指针（void**）而不能使用引用（void* &），何况 C 语言也没有引用。当然，这个 cudaMalloc 里的 malloc 是 GPU 上的 malloc。cudaMalloc 使用代码如下：

```cpp
nt* array;
cudaMalloc(&array, sizeof(int*) * N);
```

cudaMalloc 里要求传入二级指针,即代表它会改变一级指针的值,也就是 array 的值,而 array 的类型为 int *,是一个数组,因此实际上此函数会分配一个数组,而不是数或高维数据,不过这并不要紧,在 9.1 节中我们已经提到数据在底层都是顺序存储的,可将这个数组赋值给 array。

虽然 array 中存储着一个 GPU 内存地址,但 GPU 内存编址与 CPU 独立,不可以直接使用,而需要在核函数里使用,核函数将会在 GPU 上执行。

cudaFree 则和 free 一样传入指针。

5. 使用 CUDA 完成向量加法

(1) CPU 版本的向量加法。

```
void vectorAdd(float * vector1, float * vector2, float * vector_result, float length) {
    for (int i = 0; i < length; i++)
    {
        vector_result[i] = vector1[i] + vector2[i];
    }
};
```

测试代码:

```
float vector1_cpu[] = { 0, 1, 2, 3, 4, 5 };
float vector2_cpu[] = { 0, 1, 2, 3, 4, 5 };
int vector_length = sizeof(vector1_cpu) / sizeof(float);
float * result_cpu = (float *)malloc(sizeof(vector1_cpu));
vectorAdd(vector1_cpu, vector2_cpu, result_cpu, vector_length);
for (int i = 0; i < vector_length; i++)
{
    printf(" % f ", result_cpu[i]);
}
```

(2) GPU 版本的向量加法。

在 PyTorch 中,如果要在 GPU 上进行运算,需要调用.cuda()将一个 CPU 张量转换成 GPU 张量,计算完成之后再使用.cpu()将 GPU 张量转换为 CPU 张量。

使用 CUDA 时需要手动申请显存并将主存中的数据复制到显存中,代码如下:

```
float vector1_cpu[] = { 0, 1, 2, 3, 4, 5 };
float vector2_cpu[] = { 0, 1, 2, 3, 4, 5 };
int vector_length = sizeof(vector1_cpu) / sizeof(float);
float * vector1_gpu = nullptr;
float * vector2_gpu = nullptr;
float * result_gpu = nullptr;

cudaMalloc(&vector1_gpu, sizeof(vector1_cpu));
cudaMalloc(&vector2_gpu, sizeof(vector1_cpu));
```

```
cudaMalloc(&result_gpu, sizeof(vector1_cpu));

cudaMemcpy(vector1_gpu, vector1_cpu, sizeof(vector1_cpu), cudaMemcpyHostToDevice);
cudaMemcpy(vector2_gpu, vector2_cpu, sizeof(vector1_cpu), cudaMemcpyHostToDevice);
```

普通函数加上__global__后即可声明为可在 GPU 上运行的核函数,代码如下:

```
__global__ void vectorAdd(int * vector1, int * vector2, int * vector_result, int length ) {
    for (int i = 0; i < length; i++)
    {
        vector_result[i] = vector1[i] + vector2[i];
    }
};
```

使用<<<>>>调用核函数,代码如下:

```
vectorAdd <<< 1, 1 >>>(vector1_gpu, vector2_gpu, result_gpu, vector_length);
```

得到结果后需要复制回主存,代码如下:

```
float * result_cpu = (float * )malloc(sizeof(vector1_cpu));
cudaMalloc(&result_gpu, sizeof(vector1_cpu));
cudaMemcpy(result_cpu, result_gpu, sizeof(vector1_cpu), cudaMemcpyDeviceToHost);
```

此时已经不需要 GPU 上的内存了,可以使用 cudaFree 将其释放,代码如下:

```
cudaFree(vector1_gpu);
cudaFree(vector2_gpu);
cudaFree(result_gpu);
```

测试代码:

```
for (int i = 0; i < vector_length; i++)
{
    printf(" % f ", result_cpu[i]);
}
```

输出如下:

```
0.000000 2.000000 4.000000 6.000000 8.000000 10.000000
```

6. 多线程计算向量加法

使用 vectorAdd <<< 1,1 >>>调用核函数表示使用含 1 个线程的 1 个 Block,这显然没有什么意义,要发挥 GPU 的并行计算优势,需要多开线程并将任务分发给它们,例如对 n 维向量加法,可以开 n 个线程,每个线程计算一个位置的值。不过这就要求执行核函数的线程知道自己是第几个,而 CUDA 将其封装到了一个内建变量 ThreadIdx 中,ThreadIdx

是一个由(x,y,z)构成的三维向量,对向量加法来说只有 ThreadIdx.x 有意义,因此多线程计算向量加法的代码如下:

```
__global__ void vectorAdd(float * vector1, float * vector2, float * vector_result, float length) {
    vector_result[ThreadIdx.x] = vector1[ThreadIdx.x] + vector2[ThreadIdx.x];
};
```

核函数调用如下:

```
vectorAdd <<< 1, sizeof(vector1_cpu) >>>(vector1_gpu, vector2_gpu, result_gpu, vector_length);
```

输出如下:

```
0.000000 2.000000 4.000000 6.000000 8.000000 10.000000
```

可以看到,在 CUDA 中进行多线程编程比使用 std::thread 方便许多,因为 CUDA 就是为多线程而生的。

7. 使用面向对象封装 CUDA C

这里使用 RAII 的方式,即使用局部变量管理资源。局部变量在离开自己所属于的大括号(作用域)之后就被销毁,在销毁过程中会调用该变量的析构函数,在这个析构函数中释放资源,这样就不必用完后自己手动释放了。

C++规定,一个无参无返回值、函数名为"~类名"的成员函数被视为该类的析构函数,代码如下:

```cpp
class Tensor {
public:
    Tensor() {
        printf("call constructor\n");
    }

    ~Tensor() {
        printf("call destructor\n");
    }
};
```

测试代码如下:

```cpp
int main() {
    Tensor tensor;
    printf("main function end\n");
}
```

输出如下:

```
call constructor
main function end
call destructor
```

在离开 main 函数的大括号时，会自动执行 Tensor 类的析构函数，因此将申请内存的部分放在构造函数中，在析构函数中释放资源，因此在 9.1 节中张量的基础上添加一些内容，简略代码如下：

```cpp
class Tensor {
    vector<float> data;
    vector<int> shape;

    bool isOnGPU = false;
    float * data_gpu = nullptr;
public:
    Tensor() {

    }
    void cuda(){
        cudaMalloc(&data_gpu, data.size() * sizeof(float));
        cudaMemcpy(data_gpu, data.data(), data.size() * sizeof(float), cudaMemcpyHostToDevice);
        isOnGPU = true;
    }

    void cpu(){
        cudaMemcpy(data.data(), data_gpu, data.size() * sizeof(float), cudaMemcpyDeviceToHost);
        isOnGPU = false;
    }

    ~Tensor() {
        if (data_gpu){
            cudaFree(data_gpu);
        }
    }
};
```

8. 多线程计算矩阵乘法

之前在使用 <<< blockSize, threadPerBlock >>> 调用核函数时，blockSize 和 threadSize 都是一个数字，但实际上，blockSize 和 threadPerBlock 可以是 int 或 dim3。dim3 是 CUDA 内建的简单结构体，伪代码如下：

```cpp
struct dim3 {
    int x = 1;
```

```
        int y = 1;
        int z = 1;
};
```

使用时可以传入 1 个、2 个、3 个参数,依次被当作 x、y、z,默认值为 1,代码如下:

```
dim3 vector3 = { 10,5 };
printf("x:%d,y:%d,z:%d", vector3.x, vector3.y, vector3.z);
```

输出如下:

```
x:10,y:5,z:1
```

9.3.6 cuDNN

1. 安装 cuDNN

cuDNN(CUDA Deep Neural Network library)是基于 CUDA 的神经网络加速库。

> 提示:显卡驱动→CUDA→cuDNN 的关系可类比于 Windows 系统→Python→PyTorch。

下载 cuDNN 需要注册 NVDIA 账号。

在浏览器地址栏输入 https://developer.nvidia.com/rdp/cuDNN-download 或在搜索引擎里搜 cuDNN download 进入 cuDNN 下载页面,并根据环境和 CUDA 版本下载 cuDNN 安装包,例如 Windows 系统、CUDA 11.1,则选择 cuDNN v8.0.4→cuDNN Library for Windows[x86],如图 9-3 所示。

图 9-3 cuDNN 下载页面

这样将会得到一个压缩包，例如 cuDNN-11.1-Windows-x64-v8.0.4.30.zip。解压该压缩包，含有3个文件夹：bin、include、lib\x64，复制其中的内容到对应的 CUDA 安装目录的同名文件夹中（需管理员权限）。

用于复制的脚本代码如下：

```python
#Chapter07/07-3/copy_util.py

import os
import shutil

CUDNN_UNZIP_PATH = R"C:\Temp\CUDA"
CUDA_INSTALL_PATH = R"C:\Program Files\NVIDIA GPU Computing Toolkit\CUDA\v11.1"


def copy_dir(from_dir: str, to_dir: str):
    for root, dirs, files in os.walk(from_dir):
        for file in files:
            shutil.copy(os.path.join(root, file), to_dir)


copy_dir(os.path.join(CUDNN_UNZIP_PATH, "bin"), os.path.join(CUDA_INSTALL_PATH, "bin"))
copy_dir(os.path.join(CUDNN_UNZIP_PATH, "include"), os.path.join(CUDA_INSTALL_PATH, "include"))
copy_dir(os.path.join(CUDNN_UNZIP_PATH, R"lib\x64"), os.path.join(CUDA_INSTALL_PATH, R"lib\x64"))
```

本身工作量不大，可以选择手动复制，如果使用代码复制，需在管理员权限的命令行中运行该脚本（快捷键 Win＋X＋A），否则无法写入系统盘的 Program Files 文件夹。

2．引入 cuDNN 依赖

在 VC++ Directories 的 Include Directories 中添加 CUDA 安装目录下 include 文件夹的路径，在 Library Directories 中添加 CUDA 安装目录下 lib/x64 文件夹的路径。

在 Visual Studio 中的一个项目中右键项目名，选择属性（或快捷键 Ctrl＋Shift＋Alt＋S），选择 Linker→Input，单击 Additional Dependencies 右侧的下拉按钮→Edit，添加 cuDNN.lib 并单击 OK 按钮。

3．cuDNN 概念

使用 cuDNN 需要先调用 cuDNNCreate( ) 初始化一个句柄，在调用函数 cuDNN 时需要传入该句柄，之后可以通过 cuDNNDestroy( ) 释放所用的资源。设计该句柄是因为在 cuDNN 中运行一个函数并不能直接用 Conv2d 这样的函数调用，而是类似发出一条消息，让 cuDNN 执行，这个句柄就是消息的唯一标识，间接地控制某个 cuDNN 函数调用，伪代码如下：

```cpp
class Task {};

std::unordered_map<int, Task*> tasks;
int id = 0;
void createTask(int* handle) {
    *handle = id++;
    tasks.insert(std::pair<int, Task*>(*handle, new Task()));
}

void destroyTask(int handle) {
    tasks.erase(handle);
}

int main() {
    int task1Handle;
    int task2Handle;
    createTask(&task1Handle);
    createTask(&task2Handle);
    destroyTask(task1Handle);
}
```

类似地,使用 cuDNN 库,需要初始化一个 cuDNNHandle,代码如下:

```cpp
int main() {
    cuDNNHandle_t cuDNN;
    cuDNNCreate(&cuDNN);
}
```

因为需要兼容不同的张量格式和不同的卷积,cuDNN 提出了一个 Descriptor 的概念,卷积函数需要传入用于描述张量和卷积的 Descriptor "对象",之所以加上了个双引号,是因为 CUDA C 毕竟是 C 而不是 C++,所以文档中给出的传递描述信息的方法看起来很笨重,代码如下:

```cpp
cuDNNTensorDescriptor_t input_descriptor;
cuDNNCreateTensorDescriptor(&input_descriptor);
cuDNNSetTensor4dDescriptor(input_descriptor,
        CUDNN_TENSOR_NHWC,
        CUDNN_DATA_FLOAT,
        input.shape(0), input.shape(1), input.shape(2), input.shape(3));
...
cuDNNConvolutionForward(handle,
                        &alpha, input_descriptor, input.gptr(),
                        Kernel_descriptor, Kernel.gptr(),
                        conv_descriptor, algo,
                        workspace, workspace_size,
                        &beta, output_descriptor, output.gptr());
```

我们很少见到有这么一大堆参数的函数,也不明白为什么只需传一个 Tensor4dDescriptor 对象就能解决的事情却要调用 cuDNN 的 Create 和 Set 来创建和初始化,简单来说这是因为 C 语言本身没有面向对象,因此函数不能携带状态,也无法使用构造函数的这些语法,同时不支持函数重载和默认参数。

这里我们使用面向对象封装一层,需要用到 C++ 的"类型转换操作符"语法,此种语法能将自定义类的对象隐式转换为指定类型对象。

例如使用 int 和 float 计算时,int 会被隐式转换为 float,代码如下:

```
printf("%f", 1 + 1.5);
```

注意:int 和 float 在我们看起来都是数,但它们在计算机中的表示方式却完全不同,CPU 的加法也分整数加法和浮点数加法。

C++ 规定,只有一个参数且不以 explicit 修饰的构造函数为转换构造函数,转换构造函数能完成指定类型对象到当前类的隐式类型转换,形如"operator 类型名()"的成员函数为转换函数(conversion function),转换函数能够完成当前类的对象到指定类的隐式类型转换。同时重写转换构造函数和转换函数可以偷梁换柱,让一个类表现得和另一个类一样,例如一个可以由 float 隐式转换和隐式转换为 float 的 Number 类型,代码如下:

```
class Number {
    float value;
public:
    Number(float value) {
        this->value = value;
    }
    
    operator float() {
        return value;
    }
};
```

它可以用在 float 能使用的场合,互相替代,代码如下:

```
#include <cmath>
int main() {
    Number number = 2;
    float result = number + pow(number,5);
    printf("%f", result);
}
```

输出:

```
34.000000
```

这里 Number 的用法：①可用一个 float 赋值（因为有转换构造函数）；②本来 pow 要求参数是 float 类型，但这里传的 Number，执行时发现不是 float 类型，便会寻找 Number 到 float 类型的隐式转换函数，而我们确实定义了，因此 Number 被隐式转换为 float 类型转入 pow 函数。

实际上，使用转换构造函数和转换函数，可以在 C++ 中定义属性，伪代码如下：

```cpp
class Property {
    float value;
    float maxValue;
    //FPropertyChangeEvent PropertyChangeEvent;
public:
    Property(float value) {
        if (value > maxValue) {
            this->value = maxValue;
        }
        else if (value < 0) {
            this->value = 0;
        }
        else {
            this->value = value;
        }
        //PropertyChangeEvent.broadcast();
    }

    void setMaxValue(float maxValue) {
        this->maxValue = maxValue;
    }

    operator float() {
        return value;
    }
};
```

实际上这里的转换函数和转换构造函数起到了 getter 和 setter 的功能，如果声明一个 Property 类型的变量 HP，其使用起来和一个普通浮点数一样，但其会限制取值，并在值发生变化时广播事件，例如游戏中更新血条、判断人物是否已经死亡等。

使用转换构造函数和转换函数，我们将用到的 3 个 Descriptor 封装成类，代码如下：

```cpp
class KernelDescriptor {
    cuDNNFilterDescriptor_t filterDesc;
public:
    KernelDescriptor(int height, int width, int inputChannel, int outputChannel) {
        cuDNNCreateFilterDescriptor(&filterDesc);
        cuDNNSetFilter4dDescriptor(filterDesc,
```

```cpp
                                    CUDNN_DATA_FLOAT,
                                    CUDNN_TENSOR_NCHW,
                                    outputChannel, inputChannel, height, width);
    }

    operator cuDNNFilterDescriptor_t() { return filterDesc; }
};

class ConvolutionDescriptor {
    cuDNNConvolutionDescriptor_t convDesc;
public:
    ConvolutionDescriptor(int padding, int stride) {
        cuDNNCreateConvolutionDescriptor(&convDesc);
        cuDNNSetConvolution2dDescriptor(convDesc, padding, padding, stride, stride, 1, 1,
                                CUDNN_CONVOLUTION, CUDNN_DATA_FLOAT);
    }

    operator cuDNNConvolutionDescriptor_t() { return convDesc; }
};

class TensorDescriptor {
    cuDNNTensorDescriptor_t tensorDesc;
public:
    TensorDescriptor(int batchSize, int channelNum, int height, int width) {
        cuDNNCreateTensorDescriptor(&tensorDesc);
        cuDNNSetTensor4dDescriptor(tensorDesc, CUDNN_TENSOR_NCHW, CUDNN_DATA_FLOAT,
                                batchSize, channelNum, height, width);
    }

    operator cuDNNTensorDescriptor_t() { return tensorDesc; }
};
```

使用代码如下:

```cpp
int main() {
    KernelDescriptor KernelDescriptor{3, 3, 3, 16};
    TensorDescriptor inputTensorDescriptor{100, 3, 224, 224};
    TensorDescriptor outputTensorDescriptor{100, 16, 224, 224};
    ConvolutionDescriptor convolutionDescriptor{1, 1};

    cuDNNHandle_t handle;
    cuDNNCreate(&handle);
    cuDNNConvolutionFwdAlgoPerf_t algo;
    cuDNNGetConvolutionForwardAlgorithm_v7(handle, inputTensorDescriptor, KernelDescriptor,
                                    convolutionDescriptor, outputTensorDescriptor,
                                    CUDNN_CONVOLUTION_FWD_ALGO_IMPLICIT_PRECOMP_
                                    GEMM, 0, &algo);
```

```
    size_t workspace_Bytes = 0;

    cuDNNGetConvolutionForwardWorkspaceSize(handle, inputTensorDescriptor, KernelDescriptor,
convolutionDescriptor, outputTensorDescriptor, CUDNN_CONVOLUTION_FWD_ALGO_IMPLICIT_PRECOMP_
GEMM, &workspace_Bytes);
    printf("Need %fMB", workspace_Bytes / 1048576.0);
}
```

描述之后,创建各个张量,调用 cuDNNConvolutionForward 进行卷积运算,代码如下:

```
void * memorySpaceForComputing{nullptr };
CUDAMalloc(&memorySpaceForComputing, workspaceSize);

int image_Bytes = 100 * 3 * 224 * 224 * sizeof(float);
float * image = (float *)malloc(image_Bytes);
memset(image, 0, image_Bytes);
float * inputTensor{nullptr };
CUDAMalloc(&inputTensor, image_Bytes);
CUDAMemcpy(inputTensor, image, image_Bytes, CUDAMemcpyHostToDevice);

float * outputTensor{nullptr };
CUDAMalloc(&outputTensor, image_Bytes);
CUDAMemset(outputTensor, 0, image_Bytes);


//Mystery Kernel
const float Kernel_template[3][3] = {
    {1,  1, 1},
    {1, -8, 1},
    {1,  1, 1}
};

float h_Kernel[3][3][3][3];
for (int Kernel = 0; Kernel < 3; ++Kernel) {
    for (int channel = 0; channel < 3; ++channel) {
        for (int row = 0; row < 3; ++row) {
            for (int column = 0; column < 3; ++column) {
                h_Kernel[Kernel][channel][row][column] = Kernel_template[row][column];
            }
        }
    }
}

float * KernelTensor{nullptr };
CUDAMalloc(&KernelTensor, sizeof(h_Kernel));
CUDAMemcpy(KernelTensor, h_Kernel, sizeof(h_Kernel), CUDAMemcpyHostToDevice);
```

```
const float alpha = 1, beta = 0;
cuDNNConvolutionForward(handle,
                        &alpha,
                        inputTensorDescriptor,
                        inputTensor,
                        KernelDescriptor,
                        KernelTensor,
                        convolutionDescriptor,
                        algoPerformances.algo,
                        memorySpaceForComputing,
                        workspaceSize,
                        &beta,
                        outputTensorDescriptor,
                        outputTensor);
```

第 10 章 无监督学习

我们已经学习了许许多多的神经网络,它们可能已经能很好地完成任务,例如在图像识别、人脸识别方面其精度超过人类,但需要提醒一句,在人工智能领域我们仅仅只是迈出了小小的一步。如同一个孩童处于牙牙学语的状态,需要大人的教导,同样要想训练我们的神经网络,需要有数据和标准答案。

但人不可能始终都要别人教,需要学习自己尝试和成长,机器也是这样,以 AlphaGo 举例,其早期的训练是读棋谱。但人类的棋谱是很有限的(况且棋谱也不一定是正确答案),它之后找一个对手和自己下棋,根据自己下的棋最终导致赢或者输来调整参数——这便是强化学习,它是无监督学习,不需要标准答案,让模型与环境交互并获得反馈,根据反馈的正负来调整自己。

这看上去很自然,但实现起来并不简单,因为下棋的时候反馈大多数时候都是 0,AlphaGo 需要行动很多次,直到获胜或者失败才会得到一次 1 或者 −1 的反馈,而之前下了几百颗棋子也没有人告诉它哪些是有用的或者没用的。这就决定了强化学习需要惊人的训练次数,对 AlphaGo 或者玩星际争霸游戏的 AI 来说,可能是千万级(而我们之前的监督学习的例子都在几百这个数量级,就已经能达到很好的表现了),而对 AlphaGo 来说,没有人能和它下几千万局,所以 AlphaGo 选择训练两个模型让它们互相下棋。

要想得到真正强大的 AI,无监督学习是必不可少的,一是因为监督学习的质量与数据有关,例如一个看 X 光片诊断病情的 AI,它的水平就与很难超过提供标签数据的那些医生;二是很多问题人类根本不知道标准答案,只有让机器不断地尝试以便找到正确答案。

至于生成对抗网络(GAN),第一次了解它的原理的人往往都拍案叫绝,不过尽管它很有趣,但目前还不知道有什么用。它同时训练两个网络,一个称为生成器,另一个称为判别器,例如要做一个生成人脸的 GAN,那么生成器生成一堆人脸,判别器同时看生成器生成的人脸和真正的人脸图片,判断哪些是真的,哪些是假的,当生成器较强且总能骗过判别器时,判别器的 loss 将较大,迫使它更新参数;当判别器较强时,生成器的 loss 就会较大,如同物种进化一般,两者共同进步,这样便能获得两个网络:一个网络能生成以假乱真的人脸图片,另一个网络能识别 AI 生成的人脸图片和真正的图片,通常我们需要的是前者,后者也有特定的用途(例如识破换脸 AI 产生的伪造视频,以遏制利用 AI 技术犯罪)。

生成对抗网络从某种意义上说,其实就是强化学习的一种实践,它的两个部分互相为对方的模型和环境,独立行动并给予对方反馈。

10.1 生成对抗网络

生成对抗网络由一个生成器和一个判别器构成,需要注意的是,生成器的能力必须与判别器相当,这样两者才能共同进步,如果出现一方设计上就更强的情况,是无法训练成功的。

生成器接收 torch.randn 产生的 n 维随机数向量,产生一张图片。这里使用全连接层将 n 维映射到到 784 维再重构为 [28,28],然后补 0 保持图像长和宽不变的情况下进行卷积,以产生类似 MNIST 数据集中手写数字,代码如下:

```python
# Chapter10/10-1/1.generative_adversarial_network.py

Kernel_size = 7
stride = 1
padding = 3

class Generator(torch.nn.Module):
    def __init__(self, num_classes=10):
        super(Generator, self).__init__()
        self.linear_layer = torch.nn.Linear(latent_size, 28 * 28)
        self.conv_layer1 = torch.nn.Sequential(
            torch.nn.Conv2d(1, 16, Kernel_size, stride, padding),
            torch.nn.relu())
        self.conv_layer2 = torch.nn.Sequential(
            torch.nn.Conv2d(16, 32, Kernel_size, stride, padding),
            torch.nn.relu())
        self.conv_layer3 = torch.nn.Sequential(
            torch.nn.Conv2d(32, 1, Kernel_size, stride, padding)
        )

    def forward(self, x):
        x = self.linear_layer(x)
        x = x.reshape(x.size(0), 1, 28, 28)
        x = self.conv_layer1(x)
        x = self.conv_layer2(x)
        x = self.conv_layer3(x)
        return x
```

判别器就是普通的卷积神经网络,只不过输出只有一维:0 或 1,代码如下:

```python
# Chapter10/10-1/1.generative_adversarial_network.py

class Discriminator(torch.nn.Module):
```

```python
    def __init__(self, num_classes = 10):
        super(Discriminator, self).__init__()
        self.conv_layer1 = torch.nn.Sequential(
            torch.nn.Conv2d(1, 16, Kernel_size, stride, padding),
            torch.nn.relu(),
            torch.nn.MaxPool2d(Kernel_size = 2, stride = 2))
        self.conv_layer2 = torch.nn.Sequential(
            torch.nn.Conv2d(16, 32, Kernel_size, stride, padding),
            torch.nn.relu(),
            torch.nn.MaxPool2d(Kernel_size = 2, stride = 2))
        self.fc = torch.nn.Linear(7 * 7 * 32, 1)
        self.active_function = torch.nn.Sigmoid()

    def forward(self, x):
        x = self.conv_layer1(x)
        x = self.conv_layer2(x)

        x = x.reshape(x.size(0), -1)
        x = self.fc(x)
        x = self.active_function(x)
        return x
```

实例化模型并设定损失函数、优化器,代码如下:

```
discriminator_model = Discriminator().to(device)
generator_model = Generator().to(device)

criterion = nn.BCELoss()
discriminator_optimizer = torch.optim.Adam(discriminator_model.parameters(), lr = 0.0002)
generator_optimizer = torch.optim.Adam(generator_model.parameters(), lr = 0.0002)
```

将生成的图片送入判别器中产生输出,同时将真正图片送入判别器产生输出。用 1 表示真图片,用 0 表示生成的图片,则生成器的任务是调整自身参数试图最小化判别器输出与全 1 序列的差距,判别器则有两个任务,最小化生成器产生的图片与 0 的差距及最小化真实图片与 1 的差距。

训练生成器的代码如下:

```
# Chapter10/10 - 1/1.generative_adversarial_network.py

total_step = len(data_loader)
for epoch in range(num_epochs):
    for i, (images, labels) in enumerate(data_loader):
        images = images.to(device)

        real_labels = torch.ones(batch_size, 1).to(device)
        fake_labels = torch.zeros(batch_size, 1).to(device)
```

```python
        z = torch.randn(batch_size, latent_size).to(device)
        fake_images = generator_model(z)
        generator_outputs = discriminator_model(fake_images)

        generator_loss = criterion(generator_outputs, real_labels)

        generator_optimizer.zero_grad()
        generator_loss.backward()
        generator_optimizer.step()
```

训练判别器的代码如下:

```python
#Chapter10/10-1/1.generative_adversarial_network.py

        discriminator_outputs = discriminator_model(images)
        discriminator_loss_real = criterion(discriminator_outputs, real_labels)
        real_score = discriminator_outputs

        z = torch.randn(batch_size, latent_size).to(device)
        fake_images = generator_model(z)
        discriminator_outputs = discriminator_model(fake_images)
        discriminator_loss_fake = criterion(discriminator_outputs, fake_labels)
        fake_score = discriminator_outputs

        discriminator_loss = discriminator_loss_real + discriminator_loss_fake
        discriminator_optimizer.zero_grad()
        discriminator_loss.backward()
        discriminator_optimizer.step()
```

注意：当判别器的 loss 快速归 0 时，表示生成对抗网络训练失败，应停止训练并调整参数。

在经过训练后，生成器能够生成如图 10-1 所示的手写数字，尽管称不上好看，但毕竟是机器从一块 28×28 的随机初始化的画布上"创作"出来的。

图 10-1　生成对抗网络产生的图片

提示：从上面其实可以看出 1-7-9 的逐渐变化，以及 3、5、8 的相似性，实际上可以通过修改输入生成器的张量改变产生的数字。

10.2 强化学习

目前强化学习主要用于训练打游戏的 AI,在这个互动的问题中,模型的输出将会影响接下来的输入。

强化学习的三要素为 Actor、Environment、Reward。玩家 Actor 观察环境 Environment,并与环境 Environment 交互,得到反馈 Reward 来更新自己。例如在一个下棋的例子里,Actor 是 AlphaGo,Environment 是棋盘,Reward 是赢棋时反馈 1、输棋时反馈 -1、其他时候都是 0,围棋的规则是产生 Reward 的依据,它被称为 Reward Function。

10.2.1 Policy Base:尝试并增强最终结果正确的一系列行为

在 Policy Base 的方法中 Actor 使用一个称为 Policy 的神经网络来决策,此神经网络 Policy 可写作 π,其中的参数为 θ。以一个动作游戏为例,Actor 是 AI 操控的角色,Policy 的输入是游戏的画面,输出是各个操作的概率,例如:左移 0.5,右移 0.2,跳跃 0.2,攻击 0.1,Actor 根据 Policy 输出的概率采取行动(否则它可能永远也不会尝试某些行为),它便会便到一个 Reward,如果成功击杀敌人便可得到 Reward 为 1,否则得到 Reward 为 0,被杀死得到 Reward 为 -1。这个 Actor 与环境交互的过程如图 10-2 所示。

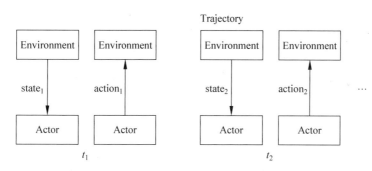

图 10-2　一个 Trajectory(τ)

一场游戏(可能因 Actor 死亡而结束,也可能因其他规则而结束)称为一个 episode,将这个 episode 中所有得到的 Reward 求和,便可以得到 Actor 在对应 state 的这一连串操作 action(称作 Trajectory,记作 τ)的总分数,称为 R,显然,训练 Actor 的决策网络 Policy 的目的就是最大化 R。但是(大多数)游戏本身是有随机性的,即便是街机游戏,虽然出怪的位置都是固定的,但怪的出招却是随机的,因此即便 Policy 的参数 θ 一样,得到的结果也不一定一样,所以 $R(\theta)$ 是没有意义的,Reward Function 作用的应该是具体的某个 Trajectory,因此只能选择计算 $\bar{R}(\theta)$,即 $R(\theta)$ 在模型采用参数 θ 时 Reward 的数学期望。

数学期望是概率加权平均数,离散型随机变量的一切可能的取值与 x_i 对应的概率 $p(x_i)$ 之积的和称为数学期望(设级数绝对收敛),记为 E。

例如，假设老虎机投入 1 元得到 100 元的概率是 0.1%，得到 10 元的概率是 1%，得到 1 元的概率是 40%，得到 0.5 元的概率是 38.9%，得到 0.1 元的概率是 50%，那么期望 $E = 100 \times 0.001 + 10 \times 0.01 + 1 \times 0.4 + 0.5 \times 0.389 + 0.1 \times 0.5 \approx 0.84 < 1$，即虽然可能第一次玩只投入 1 元钱却得到 100 元，看起来很赚，但投多了从概率上讲一定会亏钱。

因此 $E(R(\theta)) = \sum_\tau p_\theta(\tau) R(\tau)$，意为 $R(\theta)$ 的期望为在 Policy 参数为 θ 时，与环境交互出现 τ 的概率乘出现 τ 时 Reward 的值。因为大多数游戏的 τ 都是无法穷举的，所以采用采样的方法，让 Actor 玩 N 次游戏，获得 N 个 τ，相当于从所有的 τ 中采 N 个样本，并将 N 个样本中出现某个 τ 的概率当作它在所有 τ 中出现的概率，即将 N 次采样的均值当作期望（例如在老虎机的例子里，投入大量硬币，获得的钱除以硬币的数量也可以得到 0.84 的近似值，此结论来自大数定律），因此求 $R(\theta)$ 的期望公式如下：

$$E(R(\theta)) = \sum_\tau p_\theta(\tau) R(\tau) \approx \frac{1}{N} \sum_{i=1}^N R(\tau^i) \qquad (10\text{-}1)$$

因为 $R(\tau)$ 其实是 Reward Function，即游戏规则，在训练的过程中改变 θ 时不能影响它，因此训练时计算梯度的公式为

$$\nabla \bar{R}(\theta) = \sum_\tau R(\tau) \nabla p_\theta(\tau) \qquad (10\text{-}2)$$

$$p_\theta(\tau) = p(\text{state}_1) * p(\text{action}_1 \mid \text{state}_1) * p[(\text{reward}_1, \text{state}_2) \mid (\text{state}_1, \text{action}_1)] *$$
$$= p(\text{state}_1) \prod_{t=1}^T p_\theta(\text{action}_t \mid \text{state}_t) p[(\text{reward}_t, \text{state}_{t+1}) \mid (\text{state}_t, \text{action}_t)]$$

$$(10\text{-}3)$$

概率论经常会出现这种连乘积，它不方便直接求导，一般要使用对数函数将连乘积变成连加和，公式如下：

$$\log(p_\theta(\tau)) = \log p(\text{state}_1) + \sum_{t=1}^T \log p_\theta(\text{action}_t \mid \text{state}_t) +$$
$$\log p[(\text{reward}_t, \text{state}_{t+1}) \mid (\text{state}_t, \text{action}_t)] \qquad (10\text{-}4)$$

将与 θ 无关的项删去（它们导数为 0），求导得到：

$$\frac{\nabla p_\theta(\tau)}{p_\theta(\tau)} = \sum_{i=1}^T \nabla \log p_\theta(\text{action}_t \mid \text{state}_t) \qquad (10\text{-}5)$$

对 $\bar{R}(\theta)$ 进行等价代换：

$$\nabla \bar{R}(\theta) = \sum_\tau R(\tau) \nabla p_\theta(\tau) = \sum_\tau R(\tau) p_\theta(\tau) \frac{\nabla p_\theta(\tau)}{p_\theta(\tau)}$$
$$\approx \frac{1}{N} \sum_{n=1}^N R(\tau^n) \frac{\nabla p_\theta(\tau^n)}{p_\theta(\tau^n)} \qquad (10\text{-}6)$$

$$= \frac{1}{N} \sum_{n=1}^N R(\tau^n) \sum_{t=1}^T \nabla \log p_\theta(\text{action}_t \mid \text{state}_t) \qquad (10\text{-}7)$$

而 Policy 网络输出 Actor 行动的可能性，因此 $p_\theta(\text{action}_t | \text{state}_t)$ 其实就是 y_i，i 取决于 Actor 实际采用的行动。

注意：因为 Policy 输出的是概率，所以 y_i 并不一定是最大的一项，而没有实际行动的并不影响 R。

因此：

$$\nabla \bar{R}(\theta) = \frac{1}{N} \sum_{n=1}^{N} R(\tau^n) \sum_{t=1}^{T} \nabla \log(y_i), \quad y_i \neq 0 \tag{10-8}$$

$R(\tau^n)$ 与 t 无关，在一次游戏中最终分数是一个常数，可以放到后面，写成：

$$\nabla \bar{R}(\theta) = \frac{1}{N} \sum_{n=1}^{N} \sum_{t=1}^{T} R(\tau^n) \nabla \log(y_i), \quad y_i \neq 0 \tag{10-9}$$

要最大化 $\nabla \bar{R}(\theta)$，采用梯度上升：

$$\theta' = \theta + \eta \, \nabla \bar{R}(\theta) \tag{10-10}$$

$$\theta' = \theta + \eta \, \frac{1}{N} \sum_{n=1}^{N} \sum_{t=1}^{T} R(\tau^n) \nabla \log(y_i) \tag{10-11}$$

回想梯度上升和梯度下降的原理，在一维的情况下，导数大于 0，那么 x 增大则 y 增大，如果选择梯度上升就需要增加 x。梯度 $\nabla f(x)$ 的方向就是 $f(x)$ 上升最快的方向（梯度上升），梯度的反方向 $-\nabla f(x)$ 就是 $f(x)$ 下降最快的方向，因此这个梯度上升的式子实际上会在 $R(\tau^n) > 0$ 时最大化 y_i（log 是单调增加的函数），也就是 $p_\theta(\text{action}_t | \text{state}_t)$，也就是采用本场对策的概率。

如果要用 PyTorch 等深度学习框架，它们默认都是梯度下降的，那么 loss 就是 $-\eta \frac{1}{N} \sum_{n=1}^{N} R(\tau^n) \sum_{t=1}^{T} \nabla \log(y_i)$。

这个推导出的式子其实还另有玄机，交叉熵的公式如下：

$$H(p, q) = -\sum_{x_i} p(x_i) * \log(q(x_i)) = -\sum_{x_i} y_i^{\text{label}} * \log(y_i^{\text{predict}}) \tag{10-12}$$

因为 y_i^{label} 是独热编码，只有一项为 1，其余项都是 0，因此：

$$H(p, q) = -y_i^{\text{label}} * \log(y_i^{\text{predict}}), y_i^{\text{label}} \neq 0$$

$$= -\log(y_i^{\text{predict}}) \tag{10-13}$$

求导：

$$\nabla H(p, q) = -\nabla \log(y_i^{\text{predict}}) \tag{10-14}$$

式(10-12)中的 y_i^{predict} 就是式(10-8)中的 y_i，因此

$$\nabla \bar{R}(\theta) = -\frac{1}{N} \sum_{n=1}^{N} \sum_{t=1}^{T} R(\tau^n) \nabla H(p, q) \tag{10-15}$$

梯度下降。

其中 $-\frac{1}{N}\sum_{n=1}^{N}\sum_{t=1}^{T}R(\tau^n)$ 不是模型的参数，这样我们就明白了，原来这个梯度就是 Cross Entropy 的梯度乘一个系数 $R(\tau^n)$。

因此 Policy Base 的强化学习的步骤为收集数据，当作决定各个行为的分类任务，但是在 loss 上乘一个权重，即本场游戏获得的 Reward，这样模型会偏向于 Reward 为正时的参数，而背离 Reward 为负时的参数。

实践中，因为有些游戏的 Reward 总是为正（得分），会将 $R(\tau^n)$ 减去一个 b，让 Reward 有正有负，能够让模型更加健壮。此外，某个行为的合理与否应该与之后的得分有关，例如在一次游戏中得分为 10 分、0 分、0 分，则这 3 个行为的可能性都会增加，即便后面的行为都是无效的，因此将系数 $R(\tau^n)$ 改为 $\sum_{t'=t}^{T_n} r_{t'}^n$，或考虑影响随时间衰减的 $\sum_{t'=t}^{T_n} r_{t'}^n \gamma^{t'-t}$，$\gamma$ 为衰减系数，例如为 0.9。

代码如下：

```python
# Chapter10/10-2/1.reinforce_learning.py

import argparse
import gym
import Numpy as np
from itertools import count

import torch
import torch.nn as nn
import torch.nn.functional as F
import torch.optim as optim
from torch.distributions import Categorical

gamma = 0.99
seed = 543

env = gym.make('CartPole-v1')
env.seed(seed)
torch.manual_seed(seed)


class Policy(nn.Module):
    def __init__(self):
        super(Policy, self).__init__()
        self.affine1 = nn.Linear(4, 128)
        self.dropout = nn.Dropout(p=0.6)
        self.affine2 = nn.Linear(128, 2)
```

```python
        self.saved_log_probs = []
        self.rewards = []

    def forward(self, x):
        x = self.affine1(x)
        x = self.dropout(x)
        x = f.relu(x)
        action_scores = self.affine2(x)
        return F.softmax(action_scores, dim=1)


policy = Policy()
optimizer = optim.Adam(policy.parameters(), lr=1e-2)
eps = np.finfo(np.float32).eps.item()


def select_action(state):
    state = torch.from_numpy(state).float().unsqueeze(0)
    probs = policy(state)
    m = Categorical(probs)
    action = m.sample()
    policy.saved_log_probs.append(m.log_prob(action))
    return action.item()


def finish_episode():
    R = 0
    policy_loss = []
    returns = []
    for r in policy.rewards[::-1]:
        R = r + gamma * R
        returns.insert(0, R)
    returns = torch.tensor(returns)
    returns = (returns - returns.mean()) / (returns.std() + eps)
    for log_prob, R in zip(policy.saved_log_probs, returns):
        policy_loss.append(-log_prob * R)
    optimizer.zero_grad()
    policy_loss = torch.cat(policy_loss).sum()
    policy_loss.backward()
    optimizer.step()
    del policy.rewards[:]
    del policy.saved_log_probs[:]


def train():
    running_reward = 10
    for i_episode in count(1):
        state, ep_reward = env.reset(), 0
```

```python
            for t in range(1, 10000):  # Don't infinite loop while learning
                action = select_action(state)
                state, reward, done, _ = env.step(action)
                policy.rewards.append(reward)
                ep_reward += reward
                if done:
                    break

            running_reward = 0.05 * ep_reward + (1 - 0.05) * running_reward
            finish_episode()
            if running_reward > env.spec.reward_threshold:
                print("Solved! Running reward is now {} and "
                      "the last episode runs to {} time steps!".format(running_reward, t))
                torch.save(policy.state_dict(), 'test.pt')
                break


def eval():
    model = Policy()
    model.load_state_dict(torch.load('test.pt'))
    model.eval()

    env = gym.make('CartPole-v1')
    t_all = []
    for i_episode in range(2):
        observation = env.reset()
        for t in range(10000):
            env.render()
            action = select_action(observation)
            observation, reward, done, info = env.step(action)
            if done:
                print("Episode finished after {} timesteps".format(t + 1))
                t_all.append(t)
                break
    env.close()
    print(t_all)
    print(sum(t_all) / len(t_all))


if __name__ == '__main__':
    train()
    eval()
```

10.2.2 虚幻引擎入门

尽管这里使用的是虚幻引擎,不过若你能找到一个适合的游戏环境,能够进行强化学习的训练,且无意了解游戏开发,可以轻松地跳过本节。

虚幻引擎(Unreal Engine)是目前最流行的两大商业游戏引擎之一,也广泛用于影视、实时渲染,重要的是,它是开源的,个人使用也免费。

1. 安装虚幻引擎

下载虚幻引擎发行版需要安装 Epic Launcher。前往虚幻引擎官网 https://www.unrealengine.com/下载,注册 Epic 账户(注意不要使用 QQ 邮箱注册,可能无法收到激活邮件)并下载 Epic Launcher,如图 10-3 所示。之后双击下载的安装包安装 Epic Launcher,路径中不能有中文。

图 10-3 虚幻引擎官网

双击桌面上的图标打开 Epic Launcher,使用 Epic 账户登录。

在 Epic Launcher 中单击 Unreal Engine→Library→"＋"→选择虚幻引擎版本→Install,在弹出的选项卡中选择安装路径并确认安装虚幻 4 引擎,如图 10-4 所示。

虚幻引擎 4.25 版本大约需要 33GB 的磁盘空间。安装完成之后单击 Launch 按钮启动虚幻引擎。

2. 使用第三人称模板创建虚幻项目

在虚幻引擎引导窗口单击游戏→Next→第三人称模板→Next→选择项目路径和项目名,单击 Create Project,如图 10-5 所示。

这样创建的是蓝图项目,蓝图是 UE4 的内嵌面向对象编程语言,比直接使用 C++ Bug 更少,不过速度也更慢。UE4 的初学者即便已经熟悉了许多编程语言(如 C/C++、Java、Python 等),笔者也建议先学蓝图再学 Unreal C++。

3. 虚幻引擎界面

试想,如果让你设计一个游戏引擎,你应该怎样设计它的界面呢?

(1) 首先肯定要有一个"场景"窗口,用来摆放物体构成关卡,而能摆放到"场景"中的物体——例如主角、小兵、Boss、道具等,都在另一个"资源"窗口。

(2) 其次,放置进场景中的物体应该能够编辑,为此我们需要场景中所有物体的列表——"世界大纲"窗口和能简单修改物体血量、颜色等属性的"细节"面板。

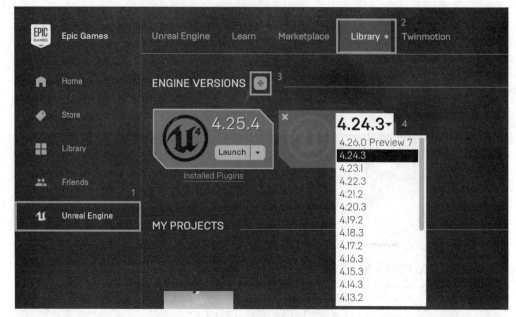

图 10-4　安装虚幻引擎

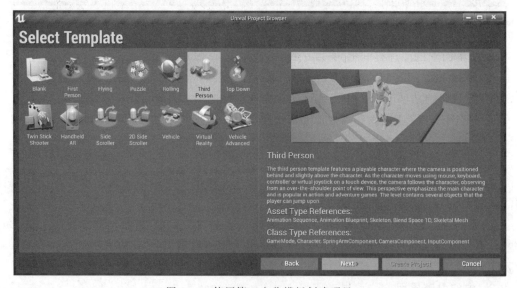

图 10-5　使用第三人称模板创建项目

（3）尽管在放置物体时，我们可以简单地改变一些属性，但最好有一个专门用来编辑资源的界面。

因此虚幻引擎的界面可以设计成场景在最中间，左边是可用道具，下方是项目资源，右边是道具列表和道具属性修改面板，如图 10-6 所示。

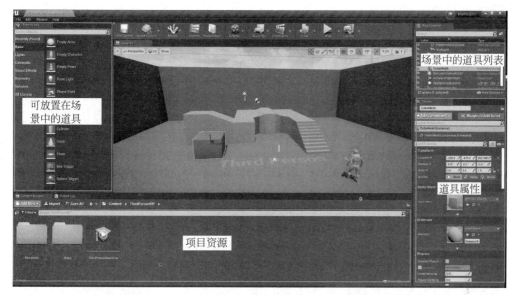

图 10-6　虚幻引擎编辑器

单击场景上方的 Play 按钮运行游戏，可以操控小白人移动和跳跃。

4．虚幻引擎概念

（1）Actor：道具。

我们知道，地球上从蚂蚁到大象都有共同的祖先，即大约 40 亿年前的单细胞生物，尽管它和目前的生物有许多不同，但它是一个起点，定义诸如新陈代谢、细胞呼吸、DNA 等对生命最基础、最必不可少的东西，而在 UE4 中，这个始祖称为 Actor，任何能够放进场景中的东西都继承自 Actor 的子类。

注意：在 UE4 中还有更上层父类 UObject，它实际上可以类比为"物质"，它拥有最基础的功能。Actor 并不一定有实体，如 APlayerController。

（2）Actor Component：让 Actor 拥有某种功能的组件。

在 Unity 中，位置、旋转、缩放 3 个向量不是物体本身的属性，而是一个 Transform 组件的属性，因此似乎不如直接写在 Actor 里的设计面向对象，但具有更高的复用性。

在组件开发的思路中，Actor 只是一个傀儡，真正决定它是什么的是它挂载了什么样的组件，例如挂载了光源组件的 Actor 能发光，挂载了移动组件的 Actor 能跑步、飞行、游泳，挂载了网格组件的 Actor 能导入三维建模。

那么在 UE 中 Actor 如何挂载 ActorComponent 的呢？实际上就是 Actor 有一个 ComponentList 数组，通过图形界面向其中添加了一个元素进去。

（3）Gameplay：UE4 提供的游戏编程规范。

玩家是 Player 类，接收玩家输入的是 PlayerController，PlayerController 接收到输入之

后控制游戏中的 Pawn 或 Character 类。UE4 提供了 Player 类、PlayerController 类、Pawn 和 Character 类的父类,提供一些基本的方法,例如移动、控制 UI 等,实践中这套规范还是比较解耦和好用的。

将 UE4 中的一场游戏看作一场足球比赛:

(1) GameMode:游戏的裁判,负责介绍规则和吹哨。

(2) GameState:记分牌。

(3) PlayerController/AIController:教练,通过 Possess 接管球队,Unpossess 放弃球队。

(4) Pawn/Character:球员,通过 Skeleton 播放动画,通过 CharacterMovementComponent 移动。

5. 创建道具

在资源浏览器中右键,选择 Blueprint Class,创建一个(蓝图编程语言的)类,如图 10-7 所示。

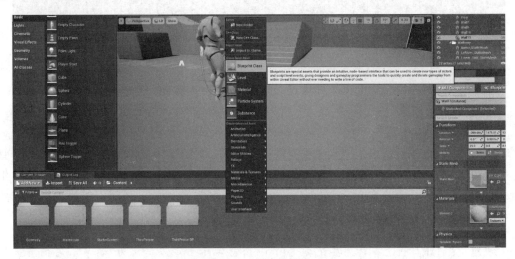

图 10-7　创建新的类

选择继承 Actor,如图 10-8 所示。

这将会在当前路径中创建一个蓝图类,类似创建了一个 .cpp 文件,如图 10-9 所示,双击可以打开这个类,可以通过可视化的方式编辑这个类的默认属性。

蓝图的 3 个编辑页为①Viewport:当向蓝图中添加了有形体的组件(例如让其可以渲染一个人物的模型),可以在这里预览并调整位置;②Construction Script:构造函数,因为是可对话语言,并没有选择像 Python 和 C++ 那样规定特定签名的函数为构造函数,而是直接开一个标签页;③Event Graph:这里就是 class A{} 大括号里的内容。因为是可视化的编程语言,所以添加成员方法和成员变量都可以通过单击按钮实现,如图 10-10 所示。

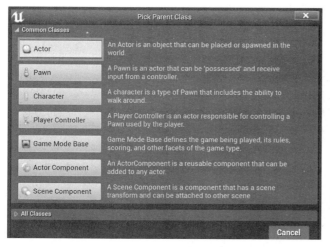

图 10-8　选择继承自 Actor

图 10-9　蓝图类

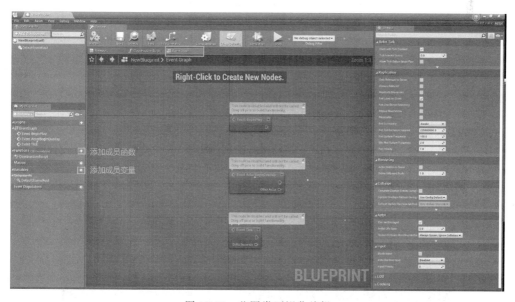

图 10-10　蓝图类可视化编辑

除此之外，蓝图还有一种特别的概念，称为事件（Event），它与 C++ 中的函数大致相同，但没有返回值，执行时间也不确定，可以看作轻量级的函数，声明一个事件只需在事件图表中右键→Add Custom Event，使用快捷键 F2 可以改名。调用则是在事件图表中右键→事件名，这样便可以调用。

在刚打开的事件图标中，发现这里已经有了 3 个事件的定义：

① Event BeginPlay：它会在游戏开始时被调用；

② Event ActorBeginOverlap：它会在别的物体穿过此物体时被调用；

③ Event Tick：它会在每帧调用。

在 Event BeginPlay 节点的输出引脚中拖出一条线，并输入 Print，如图 10-11 所示。

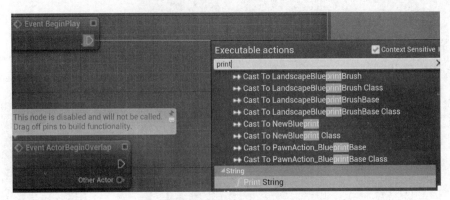

图 10-11　执行引脚

回车，会生成一个 PrintString 节点（该节点对应 C++ 中一个函数 PrintString），如图 10-12 所示。

图 10-12　打印

将该物体拖到场景中，单击 Play 按钮，这样便会在游戏开始时显示字符串 Hello，如图 10-13 所示。

图 10-13　开始游戏

第 11 章 案例：游戏 AI

这一章我们介绍深度学习模型如何创建和部署，新增知识点主要涉及后台开发和运维，在分工中另有职位，所以介绍 Python 编写的轻量级 Web 应用程序框架 Flask，仅供了解原理和流程，若确实需要自己亲自部署又对性能有要求应则选择 Java 的 Spring Boot 框架等方案。

我们以构架一个在游戏中自由移动的 AI 为例（为了简单地获取数据和测试，我们让其运行在游戏中），场景为虚幻商城永久免费资源 Modular Scifi Season 2 Starter Bundle，因其自带的地图布有较多障碍物，如图 11-1 所示。

图 11-1　Modular Scifi Season 2 Starter Bundle

11.1　构建模型

采用迁移学习，预训练模型为 resnet18。

```
model_conv = torchvision.models.resnet18(pretrained = True)
```

因为这个例子中的训练数据需要我们自己收集,所以固定预训练模型中的参数不参与训练以避免过拟合。不过,需要注意的是,requires_grad 是一票通过的,如果网络中有一个张量 requires_grad=True,那么所有直接和间接引用它的变量 requires_grad 都为 True,代码如下:

```
a = torch.randn([3, 2], requires_grad = True)
b = torch.randn([2, 4], requires_grad = False)

c = torch.matmul(a, b)
d = torch.ReLU(c)
print(c.requires_grad)
print(d.requires_grad)
```

输出如下:

```
True
True
```

因此要固定预训练中的参数,需要遍历模型中的所有参数,将其 requires_grad 改为 False,代码如下:

```
for param in model_conv.parameters():
    param.requires_grad = False
```

角色的移动方式有 3 种:前后(−1,1)、左右(−1,1)和跳跃(0,1),因此修改神经网络的输出层为 3 维,代码如下:

```
model_conv_output_size = model_conv.fc.in_features
model_conv.fc = torch.nn.Linear(model_conv_output_size, 3)
```

此任务的前后、左右轴向为回归任务,显然可以使用 MSELoss。跳跃是一个触发性动作,我们规定标签中 1 为跳跃,而模型的输出值大于 0.5 时跳跃,否则不跳跃,所以也为回归任务,采用 MSELoss,代码如下:

```
criterion = torch.nn.MSELoss()
```

优化器使用 Adam,代码如下:

```
optimizer_conv = torch.optim.Adam(model_conv.fc.parameters(), lr = 0.001)
```

11.2 准备训练数据

这一次我们不用现成的公开数据集,而采用自己制作一些训练数据的方式。当然,数据对模型的训练结果起着至关重要的作用,不过这个搜集和整理数据及人工标签的过程也确实较为烦琐。

我们先明确我们需要的数据集,其是一个列表,列表中的每个元素是一个(x_data,y_label)元组,其中的 x_data 是一张张游戏过程的截图,如图 11-2 所示。

图 11-2　直走的情况

y_label 是当前应该采取的操作:[1,0,0],即向前走,不跳跃。

当遇到右转弯时 label 为[0,1,0],向右走,不跳跃,如 11-3 所示。

图 11-3　应右转的情况

遇到无法越过的障碍物时应该跳跃,标签为[1,0,1],如图 11-4 所示。

那么如何对应一个个 x_data 和 y_label 呢?有两种方法,一是创建一个文件,其中每一行为图片名与对应的操作;二是直接将操作作为图片的文件名,例如将图 11-2 保存为"1 0 0.id.jpg"。

不过一个个打开图片查看后使用快捷键 F2 更改文件名虽然可行,但完全是个没什么

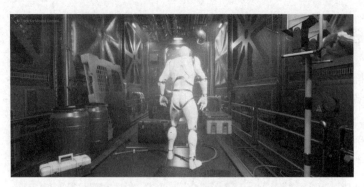

图 11-4 应跳跃的情况

技术含量的体力活,因此也可以自己写一个专门用于此项目标注的小工具,快速地完成标注任务。

尽管这里使用的是虚幻 4 引擎中的一个免费环境,不过若你能找到一个更适合的游戏环境,能够进行 AI 的训练,且无意了解游戏开发,可以跳过本节。

可以前往 https://www.unrealengine.com/zh-CN/注册 Epic 账户、下载和安装 Epic Launcher,单击 Unreal Engine→Library→"＋"→Install,在弹出的选项卡中选择安装路径并确认安装虚幻 4 引擎,如图 11-5 所示。

图 11-5 安装虚幻 4 引擎

UE4.25 版本安装需要 33GB 空间,安装完成之后单击 Launch 可以启动虚幻引擎编辑器,在新建项目类别中单击 Game→Next 出现选择模板界面,单击第三人称游戏→Next,出现项目设置界面,确认项目名为 DeepLearningDemo 和项目所在路径后单击 Create Project 等待片刻项目便创建完成。

然后切换到 Markplace 标签栏,在搜索栏搜索 Modular Scifi Season 2 Starter Bundle,对免费资源虚幻商城的购买按钮显示为 Free,单击便自动添加到保管库(Library 页面)中,此时可以单击 Add To Project,选择刚刚创建的 DeepLearningDemo 项目,如果一切顺利,此时 Epic Launcher 会下载该资源包并添加到 DeepLearningDemo 项目中,此时在 Library 页面的 My Projects 部分单击 DeepLearningDemo 项目,双击 Content Browser 中的 /Content/ModSci_Engineer/Maps/Example_Dynamic.umap 可以打开游戏地图,单击标签

栏的"播放"按钮就可以进入游戏了,此时可以截图,以便之后添加标签。

11.3 Web 应用开发入门

Web 应用程序通常是可以通过 HTTP 或 HTTPS 访问的一些网站,它们接收用户端从网络发来的请求并返回数据。

假设现在需要发布自己的模型,有两种方式:①提供一个客户端,它可以是单独的一个应用程序也可以是另一个应用程序的一个模块,模型运行在安装了此应用程序的终端(如计算机、手机)上,此种方式要求针对不同操作系统、不同平台编写不同的客户端程序,客户端安装合适的运行环境且性能足够,而模型的开发者无法获得用户数据以改进模型,所以应用很少;②开发一个 Web 应用,客户端通过向这个 Web 应用发送请求,数据传输到服务器,服务器运行模型并通过网络传输结果,这是绝大多数的情况,例如 QQ 屏幕识图等,其缺点是断网情况下无法使用。

11.3.1 计算机网络基础

当我们使用浏览器访问一个网页,例如百度时,在浏览器中输出 https://www.baidu.com/,此网址首先需要查询 DNS 服务器,让其告知百度服务器的 IP 地址,通过 ping 命令可以得知百度的服务器 IP 地址(此地址不固定),命令如下:

```
ping www.baidu.com
```

输出如下:

```
正在 Ping www.a.shifen.com [36.152.44.95] 具有 32 字节的数据: …
```

将这里看到的 36.152.44.95 输入浏览器地址栏同样可以访问百度。

当浏览器得知了 IP 之后,就可以发送一个目标地址是该 IP 的数据包,该数据包交给路由器后,路由器会查看是否是自己管理的局域网的 IP,若不是则会发送给它的网关,经过许多路由转发之后最后到达百度的服务器,经过三次握手后建立 TCP 连接,然后发起 HTTP 请求。

HTTP 是基于 TCP 实现的应用层协议,TCP 中的地址是 IP+端口的形式,形如 127.0.0.1:80 这样的形式,但 HTTP 的默认端口为 80,使用 http://www.baidu.com 即相当于 http://www.baidu.com:80。

HTTP 协议规定发送的数据是约定格式的文本,由三部分构成:请求行、请求头、请求正文,其中请求行用于表述客户端的请求方式、请求的资源名称及使用的 HTTP 版本号。常用的请求方式有 GET 请求和 POST 请求,其中 POST 请求理论上可以携带无上限的数据,常用于向服务器发送数据。

11.3.2 Flask 基础

1. 安装 Flask

```
pip install flask
```

2. 创建 Flask 应用核心

创建一个 Flask 类的实例,参数为该应用所在包名,若传入__main__则将当前所在目录视为资源索引根目录(例如/static/index.png,这里的/不是真的 Linux 下的磁盘根目录/,而是_main_所在的文件夹),代码如下:

```
from flask import Flask

flask_application = Flask(__name__)
```

使用 open_resource 方法可以像 open 一样打开文件,但是其是根据__main__所在文件或模块__init__.py 所在路径的相对路径打开文件的,代码如下:

```
with flask_application.open_resource("main.py") as f:
    print(f.read())
```

3. 添加路由函数

在 Flask 中添加路由函数,这样用户在访问某个网址时会执行这个函数,这个函数的返回值会通过网络返回给用户,例如返回一段 HTML 代码,在用户的浏览器中渲染出网页。

添加路由函数可以使用 add_url_rule(),参数为路径名和路由函数,代码如下:

```
def index():
    return "<h1>Hello,Flask!</h1>"
app.add_url_rule('/', 'index', index)
```

不过,Flask 提供了装饰器,用户不必手动将自己定义的函数注册到 Flask 的路由规则中。

装饰器原本的作用是增强一个函数。在 Python 中函数是一个 function 类型的对象,使用 def 定义函数,代码如下:

```
def f():
    ...
```

相当于:

```
f = PyFunctionObject()
```

注意：Python 并未暴露这个类。

因此可以和普通变量一样传递，代码如下：

```
def func():
    print("Hello!")


f = func
f()
```

函数也可以当参数，代码如下：

```
def compute():
    print("执行计算")


def run_compute_task(f):
    print("申请内存")
    f()
    print("释放内存")


run_compute_task(compute)
```

这没什么特别的，不过在 Python 中函数内部可以嵌套声明函数，代码如下：

```
def function_outer():
    def function_inner():
        ...
```

因此就有了一种无侵入地增强函数功能的方法，即将函数传入装饰函数中，返回一个强化后的函数，代码如下：

```
#Chapter11/11-3/2.decorator.py

def check(f):
    def function_inner(character_a, character_b):
        if character_a is None or character_b is None:
            return 0
        damage = f(character_a, character_b)
        return damage

    return function_inner
```

```python
def damage(character_a, character_b):
    return character_a - character_b


distance_with_check = check(damage)
print(distance_with_check(10, 2))
```

有趣的是,Python 提供了 distance_with_check = check(damage) 调用装饰器以增强函数的语法糖,可以在需要增强的函数上使用"@装饰器函数"指明装饰器,代码如下:

```python
@check
def damage(character_a, character_b):
    return character_a - character_b
```

相当于:

```python
def damage(character_a, character_b):
    return character_a - character_b
damage = check(damage)
```

即在函数声明后执行装饰函数,并赋值给被装饰函数,之后使用的被装饰函数都是增强过的。

如果装饰器要接收函数,那就需要再定义一层,最外层的函数接收参数并返回设定好参数的装饰器(可以视为将内存装饰器中使用的最外层函数的变量替换为值),下一层接收被装饰函数,代码如下:

```python
# Chapter11/11-3/2.decorator.py

def check_log(should_print_log = False):
    def check(f):
        def function_inner(character_a, character_b):
            if character_a is None or character_b is None:
                if should_print_log:
                    print("角色为 None,请检查程序是否有错")
                return 0
            return f(character_a, character_b)

        return function_inner

    return check
```

使用代码如下:

```python
decorator_parameters_setted = check_log(True)
damage_with_check = decorator_parameters_setted(damage)
```

或者：

```
damage_with_check = check_log(True)(damage)
```

Python 提供的装饰器语法糖这时候就非常直观好用了，代码如下：

```
@check_log(True)
def damage(character_a, character_b):
    return character_a - character_b


print(damage(None, 2))
```

而 Flask 的装饰器是 Flask 的一个函数 route，使用代码如下：

```
@flask_application.route("/index")
def index():
    return "< h1 > Hello,Flask!</h1 >"
```

查看源码可以发现，Flask 的路由函数其实没有用到函数增强，而是用到了这个语法糖的自动执行装饰器的功能，示意代码如下：

```
def route(rule):
    def decorator(f):
        app.add_url_rule(rule, 'index', index)
        return f

    return decorator
```

在设置好路由函数之后，使用 Flask 的 run 函数在本地开启一个服务器，代码如下：

```
#Chapter11/11 - 3/1.Flask.py

flask_application = Flask(__name__)

#创建 Flask 应用核心，传入项目总目录所在项目名，若不存在则默认为当前模块(文件)
app = Flask(__name__)

#定义视图函数,符合该路径要求的 HTTP/HTTPS 请求会转发到该函数
@flask_application.route("/index")
def index():
    return "< h1 > Hello,Flask!</h1 >"

#用 Flask 内置的测试服务器运行
#host 指定为"0.0.0.0"表示任何表示主机的 IP 地址都可以访问,port 指定端口

flask_application.run(host = "0.0.0.0", port = 80, debug = True)
```

之后可以通过在命令提示符中使用 python HelloFlask.py 运行该源代码,会开启一个本地 80 端口的服务。80 端口是 HTTP 协议的默认端口,可在浏览器中访问,表示本机的环回地址 127.0.0.1(或 localhost)便可以看到一个只有一个标题 Hello,Flask! 的空白页面,如图 11-6 所示。

4. 获取请求数据

图 11-6　Flask 的 Hello,Flask

HTTP 协议允许发送数据,通常使用 POST 请求方式,Flask 收到数据后将其封装到全局对象 request 中,导入后就可以使用了。虽然是全局对象,但是不同用户请求时上下文不同,在不同线程中的数据不同。可以把 request 理解为一个字典,键为线程号,根据线程号取对应的线程局部变量。

(1) 提取表单数据。通过 request.form 可以提取表单数据,它是一个类字典,使用代码如下:

```python
from flask import request

@app.route("/")
def index():
    name = request.form.get("name")
    return "Hello,{}".format(name)
```

字典的存取可以使用[key]和 get(key),但如果没有这个 key 使用[key]则会报错而 get(key)返回 None,为了程序的健壮性应使用 get(key)的方式。

(2) 提取请求体数据,代码如下:

```python
data = request.data
```

如果前端发送的是一个 form 表单数据,可以通过 request.form 获取,而 request.data 为空;若前端发送的是一个 JSON 格式的字符串,可以通过 request.data 获取,而 request.form 为空。

(3) 获取 URL 中的参数,代码如下:

```python
data = request.args("kw")
```

args 也是一个类字典对象。另外,参数名可能发生重复,可以通过 reqeust.form.getlist("name")获取同名的参数值列表。

(4) 获取其他数据。获取请求头,代码如下:

```python
headers = request.headers
```

获取请求方式,代码如下:

```python
method = request.method
```

获取用户上传的文件,代码如下:

```
files = request.files
```

获取用户请求的路径,代码如下:

```
path = request.path
```

同样是类字典对象。

(5) 异常处理,需导入 abort,代码如下:

```
from flask import abort
```

返回一个标准 HTTP 状态码,Flask 会返回错误页面,代码如下:

```
abort(403)
```

返回信息如下:

```
abort(Response("Error"))
```

定义状态码返回的错误信息如下:

```
@app.errorhandler(404)
def http_404_error(err):
    return "< h1 >访问的页面不存在< h1 >< br >{}".format(err)
```

如果要自定义响应头,可以返回 return "Test",400,[("key","value"),("Connection", Keep-Alive")]这样的元组(或{"Connection":"Keep-Alive",key:value})。也可以传自定义的状态码,如"666 CustomCode";或 resp=make_response(),然后对响应体对象 resp 进行设置。

因此一个接收图片并返回预测结果的服务,其参考代码如下:

```
# Chapter11/11 - 3/3.model_flask.py

import io

from flask import Flask, jsonify, request
from PIL import Image
from torchvision import transforms

app = Flask(__name__)


@app.route('/predict', methods = ['POST'])
```

```python
def predict():
    if request.method == 'POST':
        file = request.files['file']
        img_Bytes = file.read()

        transform = transforms.Compose([transforms.Resize(255),
                                        transforms.CenterCrop(224),
                                        transforms.ToTensor(),
                                        transforms.Normalize(
                                            [0.485, 0.456, 0.406],
                                            [0.229, 0.224, 0.225])])
        image = Image.open(io.BytesIO(img_Bytes))

        tensor = transform(img_Bytes)

        //通过模型获得输出
        output = model(tensor)
        return jsonify({'WS': output[0].item(), 'AD': output[1].item(), 'Jump': output[2].item()})
```

发送图片需要使用 requests 库，这个库可以像 Selenium 一样访问网页，也可以发送请求和数据代码如下：

```python
import requests

predict_result = requests.post("http://127.0.0.1/predict",
                    file = {"file": open('test.jpg', 'rb')})
```

这里的 predict_result 就是预测结果。